高职高专"十四五"规划教材

冶金工业出版社

镍及镍铁冶炼

主　编　张凤霞　姚春玲
副主编　李永佳　张淞源　张金梁　刘振楠

北　京
冶　金　工　业　出　版　社
2023

内 容 提 要

全书主要介绍了镍矿资源及加工处理系统，火法冶炼镍铁的基本原理、生产工艺与设备及操作；对镍锍的现代生产和高镍锍的精炼、镍的提取进行了详细介绍；对再生镍的生产及镍冶炼"三废"处理也作了基本介绍。

本书为高职高专院校冶金技术及相关专业教材，也可作为行业职业技能培训教材或供企业、科研院所相关专业工程技术人员参考。

图书在版编目 (CIP) 数据

镍及镍铁冶炼/张凤霞，姚春玲主编. —北京：冶金工业出版社，2022.2（2023.7 重印）
高职高专"十四五"规划教材
ISBN 978-7-5024-9032-4

Ⅰ.①镍… Ⅱ.①张… ②姚… Ⅲ.①镍铁—铁合金熔炼—高等职业教育—教材 Ⅳ.①TF644

中国版本图书馆 CIP 数据核字（2022）第 014419 号

镍及镍铁冶炼

出版发行	冶金工业出版社	**电 话**	(010)64027926
地 址	北京市东城区嵩祝院北巷 39 号	**邮 编**	100009
网 址	www.mip1953.com	**电子信箱**	service@ mip1953.com

责任编辑 杨盈园 刘林烨 美术编辑 彭子赫 版式设计 郑小利
责任校对 王永欣 责任印制 禹 蕊
北京虎彩文化传播有限公司印刷
2022 年 2 月第 1 版，2023 年 7 月第 2 次印刷
787mm×1092mm 1/16；11 印张；266 千字；166 页
定价 38.00 元

投稿电话 (010)64027932 投稿信箱 tougao@cnmip.com.cn
营销中心电话 (010)64044283
冶金工业出版社天猫旗舰店 yjgycbs.tmall.com
（本书如有印装质量问题，本社营销中心负责退换）

前　言

　　镍的矿物资源主要是硫化镍矿和氧化镍矿。由于硫化镍矿资源日益枯竭，开发利用氧化镍矿在当今世界镍金属提取业中的地位越来越重要。本书第1、2章主要介绍了当前世界镍矿资源及其加工技术，从氧化镍矿中冶炼镍或镍铁，一般采用电炉或高炉生产线。第3、4章主要介绍当代镍冶金火法高炉、电炉生产镍铁合金，详尽地介绍了火法冶金生产镍铁理论、工艺、设备等。第5、6章介绍了硫化镍矿生产镍锍及高镍锍的精炼、最后冶炼成金属镍的原理、工艺及设备。第7、8章对再生镍的生产工艺及镍冶炼过程中"三废"处理的环保问题作了基本介绍。

　　本书由昆明冶金高等专科学校张凤霞、姚春玲担任主编，昆明冶金高等专科学校李永佳、张淞源、张金梁、刘振楠担任副主编。第1、2章由张凤霞、李永佳编写，第3、4章由姚春玲、刘振楠编写，第5、6章由张凤霞、张金梁编写，第7、8章由张淞源、杨志鸿编写，全书由张凤霞、姚春玲整理统稿。在编写本书的过程中，引用参考的文献资料均列在书后参考文献中，在此向有关文献资料作者表示深深的谢意。同时，业界同仁为本书编写提供了宝贵支持，在此一并致谢。

　　由于编者水平所限，书中若有不妥之处，诚望读者批评指正。

作　者

2021 年 5 月

目　录

1 概 述

1.1 镍及镍合金发展历史

镍作为金属发现之前，含镍合金就被应用了，使用镍的时间可追溯到公元前300年左右。古代埃及和古代中国都曾用含镍很高的陨铁作器物，我国公元前206年就已掌握了冶炼白铜（即铜镍锌合金，含Cu 52%~80%，Ni 5%~35%，Zn 10%~35%）的技术。公元前200年在西南亚古国巴克特利亚，就已经通用了一种铜镍合金制成的硬币（约含Cu 77%、Ni 20%、Co 1%、Fe 1.5%）。德国于1825年、美国于1857年、比利时于1860年也制成了铜镍硬币。

镍作为合金虽然早已为人们所利用，但是镍的发现距今仅200多年。1751年，瑞典矿物学家A. F. 克朗斯塔特（Alex Fredrik Cronstedt）首先制得了不纯的金属镍，他把这种新发现的元素命名为Nickel（镍）。

大约在1890年，英国发展了朗格尔蒙德的羰基法制镍工艺。19世纪末至20世纪初，电解含镍溶液的方法出现，发展出了许宾尼特隔膜电解槽法。

20世纪50年代初期，镍铁冶炼得到了广泛的普及，出现用硅铁部分还原氧化矿生产镍铁的方法。新喀里多尼亚矿优质的化学和矿物成分、简易的工艺促进了镍铁冶炼在法国多尼安博工厂、日本的远东工厂、希腊、巴西以及其他国家工厂的快速开发和运用，富含镍的原矿石促进了国外镍铁生产的快速发展。依次经过脱硅、脱铬、脱碳、脱硫和脱磷，富含镍铁的这类矿石通过电炉冶炼，确保得到镍含量高于20%的成品。

我国古代已大量生产并使用了"白铜"锌镍铜合金，但新中国成立前没有镍冶炼工业。我国镍工业始于1957年，四川省会理的力马河镍矿的开采（那时生产规模较小），不仅填补了我国镍工业的空白，并且在当时缓解了我国"镍荒"。1958年，甘肃省地质局发现金川（即白家嘴子）镍矿。金川镍矿、磐石镍矿于1963年、1964年相继投产，这在很大程度上解决了我国对镍的需要。到了20世纪90年代，由于新疆喀拉通克镍矿、云南金平镍矿及吉林赤柏松镍矿的开发和投产，更使我国镍工业的发展上了一个新台阶。镍工业得到较快的发展，主要是在将镍炼制成镍合金钢以后。1910年世界镍产量只有2.3万吨，到1980年增加到74.28万吨，2009年达到135万吨，2017年世界原镍产量为182.22万吨，需求量为192.42万吨。我国镍产品以镍生铁为主，镍矿进口主要来自菲律宾和印度尼西亚。2018年中国镍产量18万吨，2019年镍产量达到19.6万吨。2018年中国精镍进口量21.21万吨，出口量1.42万吨；2019年中国精镍进口量19.32万吨，出口量3.74万吨。

我国镍铁生产始于20世纪60年代，是从利用由阿尔巴尼亚进口积存、长期未用的红土镍矿开始的。经上海大学、吴江市东大铸造有限公司、原上钢一厂等单位共同努力，在小型高炉实际冶炼出含镍铬生铁并在一些不锈钢厂应用，效果良好。采用原料除阿尔巴尼亚红土镍矿外，还有不锈钢轧钢铁皮和提镍尾渣等，块矿直接入炉，粉矿在烧结机上制成烧结矿后入炉。

由于镍铁产品成本低，而镍价格又不断飞涨，因而利用红土镍矿冶炼镍铁的工艺迅速得到推广，使得从印度尼西亚和菲律宾等地进口红土镍矿量不断增加。2005 年以来我国利用红土镍矿冶炼镍铁产业发展迅猛。早期借用原有炼铁小高炉（≤300m³）直接转产和转型的铁合金矿热炉（6300~12500kW）生产镍铁。

2018 年全球镍产量最大的企业是淡水河谷（不计 NPI❶），其次为俄罗斯诺里尔斯克镍业公司、中国金川、瑞士国际矿企嘉能可、澳大利亚矿企必和必拓、日本住友、加拿大矿企谢里特等企业。淡水河谷目前为全球最大的镍生产商，除了 NPI 以外，所有镍产品皆有生产，包括电解镍、镍铁、通用镍、镍粉等。诺里尔斯克镍业是全球成本最低的镍生产商，俄罗斯以硫化镍矿为主，诺里尔斯克镍业的电解镍是副产品。

目前中国镍铁生产企业总数在 150 家以上，以山东、江苏、内蒙古、辽宁、福建等地区居多，其中山东地区以高炉厂家为主，同时电炉厂家虽然数量少但规模较大，代表企业为鑫海。山西、江苏、河南等地区也有一定数量的高炉企业；而内蒙古、宁夏地区则基本上均是矿热炉企业，其中内蒙古地区在产企业数量多但产能均较小。

目前来看，不锈钢厂自身建设镍铁项目越来越多，如青山控股和韩国浦项合资的青浦合金，宝钢和中钢合资建设的中宝滨海镍业等。此外，山东、江苏等地不少在产厂家也积极谋划扩大产能，形成规模优势。青山集团、江苏德龙、山东鑫海是国内最大的三家镍铁冶炼企业。国内企业更是纷纷布局海外镍铁、不锈钢行业，其中代表企业为青山集团。对于国内镍铁行业，市场关注焦点在于环保，国内持续趋严的环保督察将会限制镍铁产量上升。

1.2　镍及镍合金的性质

1.2.1　物理性质

镍是银白色的金属。金属镍有两种晶态，α 镍为紧密六方晶系，β 镍属面心立方晶体。镍具有良好的延展性，可制成很薄的镍片（厚度小于 0.02mm）。镍退火后伸长率为 40%~50%，布氏硬度为 80~90N/mm²，铸造收缩率为 2.2%。镍在受水、水蒸气和氧的作用时，表面变暗。单位体积的镍能吸收 4.15 倍体积的氢气。

镍是元素周期表中仅有的三个磁性金属之一，为许多磁性合金材料的成分。镍能与许多金属组成合金，这些合金包括耐高温合金、不锈钢、结构钢、磁性合金和有色金属合金等。镍的主要物理性质见表 1-1。

---

❶ 即含镍量在 15% 以下的镍生铁。

表 1-1 镍的主要物理性质

性　质	数　值	性　质	数　值
半径/pm①	78(Ni^{2+})，124.6(Ni)	汽化热/kJ·mol^{-1}	374.8
熔点/K	1726	密度/kg·m^{-3}	8902(298K)
沸点/K	3005	热导率/W·(m·K)$^{-1}$	90.7(300K)
熔化热/kJ·mol^{-1}	17.6	电阻率/Ω·m	6.84×10^{-8}(293K)

①1pm=1×10^{-10}cm。

1.2.2 化学性质

镍是元素周期表中第四周期第Ⅷ族元素，元素符号为 Ni，原子序数为 28，相对原子量为 58.71，可以失去最外层轨道上的 2 个电子，也可失去次外层 3d 轨道上的电子，因此镍具有+2、+3 和+4 等氧化态，+2 是镍稳定的氧化态。25℃时镍的标准电极电势为-0.257V。

镍在大气中不易生锈，并且能抵抗苛性碱的腐蚀。大气实验结果表明，纯度 99%的镍在 20 年内不生锈痕，无论在水溶液或熔盐内镍抵抗苛性碱的能力都很强，在 50%沸腾苛性钠溶液中每年的腐蚀性速度不超过 25μm，对盐类溶液只容易受到氧化性盐类（如氯化高铁或次氯酸铁盐）的侵蚀。镍能抵抗所有的有机化合物的腐蚀。

在空气或氧气中，镍表面形成一层 NiO 致密薄膜，可防止进一步氧化。含硫的气体对镍有严重腐蚀，尤其是镍与硫化镍（Ni$_3$S$_2$）共晶温度在 643℃以上时更是如此。在低于 600℃的温度，镍与氯气不发生显著反应。

镍与氧生成三种化合物，即氧化亚镍（NiO）、四氧化三镍（Ni$_3$O$_4$）和三氧化二镍（Ni$_2$O$_3$），高温下只有 NiO 能稳定存在。Ni$_2$O$_3$ 加热至 400~450℃时离解为 Ni$_3$O$_4$，进一步升高温度，最终变为 NiO。NiO 的熔点为 1650~1660℃，很容易被 C 或 CO 还原。Ni 能溶解于硫酸、亚硫酸、盐酸和硝酸等溶液中形成绿色的二价盐，当与石灰乳发生反应时，即形成绿色的氢氧化镍（Ni(OH)$_2$）沉淀。

镍与硫生成四种化合物，即 NiS$_2$、Ni$_6$S$_5$、Ni$_3$S$_2$ 和 NiS。NiS 在中性和还原气氛下受热时分解为 NiS$_2$ 和单质硫（S$_2$）。在冶炼高温下只有 NiS$_2$ 是稳定的，其离解压比 FeS 小，但比 Cu$_2$S 大。

镍在常压和 40~100℃温度下可与 CO 生成羰基镍（Ni(CO)$_4$），它是挥发性化合物，当温度升高至 150~316℃时，羰基镍又分解为金属镍，这是羰基镍法提取镍的理论基础。

1.3 镍的用途

镍具有高度的化学稳定性，加热到 700~800℃时仍不氧化。镍能耐氟、碱、盐水和多种有机物质的腐蚀，在浓硝酸中表面钝化而具有耐蚀性，在盐酸、稀硫酸和稀硝酸中反应缓慢。镍系磁性金属，具有良好的韧性，有足够的机械强度，能经受各种类型的机械加工（压延、压磨、焊接等）。

纯镍和镍合金在国民经济中均获得广泛的应用。镍具有良好的磨光性能，故纯镍用于镀镍技术中，特别重要的是纯镍用在雷达、电视、原子能工业、远距离控制等现代新技术中。在火箭技术中，超级镍或镍合金用作高温结构材料。

镍粉是粉末冶金中制造各种含镍零件的原料，在化学工业中广泛用作催化剂（如兰尼镍，尤指用作氢化的催化剂）。

镍的化合物也有重要用途。硫酸镍主要用于制备镀镍的电解液，乙酸镍则用于油脂的氢化，氢氧化亚镍用于制备碱性电池，硝酸镍可以在陶瓷工业中用作棕色颜料。但是，纯镍金属和镍盐在现代工业用途中消耗不多，主要是制成合金使用。随着我国改革开放、工业技术飞速发展，电气工业、机械工业、建筑业、化学工业等对镍的需求也越来越大。概括起来镍的用途可分六类：

（1）作金属材料，包括制作不锈钢、耐热合金钢和各种合金等 3000 多种，占镍消费量的 70% 以上。其中，典型的金属材料有：镍—铬基合金，如康镍合金含 Ni 80%、Cr 14%，能耐高温，断裂强度大，专用于制作燃气涡轮机、喷气发动机等。镍-铬-钴合金，如 IN-939，含 Ni 50%、Cr 22.5%、Co 19%，其机械强度大，耐海水腐蚀性强，故专用于制作海洋舰船的涡轮发动机。镍—铬—钼合金，如 IN-586，含 Ni 65%、Cr 25%、Mo 10% 为耐高温合金，如在 1050℃ 时仍不氧化发脆，特别是焊接性能较佳。铜—镍合金，如 IN-868，含 Ni 15%、Cu 80%，耐蚀、导热和压延性能俱佳，广泛用于船舶和化学工业。

钛—镍形状记忆合金，特点是在加温下能恢复原有形状，用于医疗器械等领域。储氢合金，特点是能在室温下吸收氢气生成氢化物，加热到一定温度时，又可将吸收的氢气释放出来，此特性为热核反应及太阳能源的能量储存及输送提供了较大的灵活性。此类合金种类较多，如 $LaNi_5$、$Ca_xNi_5Ce_{1-x}$、$Ti-Ni$、$Ni-Nb$、$Ni-V$ 及 $LaNi-Mg$ 等。

（2）用于电镀，其用量约占镍消费量的 15%，主要是在钢材及其他金属材料的基体上覆盖一层耐用、耐腐蚀的表面层，其防腐性能要比镀锌层高 15%~20%。电镀镍主要用作防护装饰性镀层，近年来其在连续铸造结晶器、电子元件表面的模具、合金的压铸模具、形状复杂的宇航发动机部件和微型电子元件的制造等方面应用越来越广泛。在经济蓬勃发展的地区，包括中国在内，化学镀应用正在上升阶段，预期仍将保持空前的高速发展。

（3）在石油化工的氢化过程中作催化剂。在煤的气化过程中，温度 800℃ 时加入镍催化剂，用 CO 和 H_2 可以合成甲烷，反应如下：

$$CO + 3H_2 \longrightarrow CH_4 + H_2O \tag{1-1}$$

常用的催化剂为高度分散在氧化铝基体上的镍复合材料（Ni 25%~27%），这种催化剂不易被 H_2S、SO_2 所毒化。

（4）用作化学电源，是制作电池的材料。如工业上已生产的 Cd-Ni、Fe-Ni、Zn-Ni 电池和 H_2-Ni 密封电池。

（5）制作颜料和染料。镍最主要的是组成黄橙色颜料，该颜料由 TiO_2、NiO 和 Sb_2O_3 的混合料在 800℃ 下煅烧而成，覆盖能力强，具有金红石或尖晶石结构，故化学性能稳定。

（6）制作陶瓷和铁素体。如陶瓷工业上常用 NO 作着色剂，此外还能增加料坯与铁素体间的黏结性，并使料坯表面光洁致密。铁素体是一种较新的陶瓷材料，主要用于高频电器设备。

镍消费最多的国家有日本、美国和德国。现在，我国已成为世界第一大不锈钢消费国、世界最大的电池生产和消费国。镍的下游主要包括不锈钢、合金钢、耐蚀合金、电池、电镀、化学六大产业，其中不锈钢产业的镍消费量占总消费量的六成。随着全球对新能源汽车，尤其是混合动力汽车的研发热度不断升温，电池行业用镍也是值得关注的。相信随着国家发展动力汽车的政策措施越来越具体，电池用镍将是未来行业发展的重点。

1.4　镍的生产方法

根据矿石的种类、品位和用户要求的不同可生产多种不同形态的产品，如纯镍类包括电解镍、镍丸、镍块、镍锭和镍粉等，其中电解镍根据国标 GB/T 6516—2010 的规定，可分为 Ni 9999、Ni 9996、Ni 9990、Ni 9950、Ni 9920 五个牌号。非纯镍类包括烧结氧化镍、镍铁等，其中镍铁也称为含镍生铁，是镍和铁的合金，Ni 含量为 5%~30%，按镍含量不同又可分为高镍生铁、中镍生铁和低镍生铁。镍的生产方法如图 1-1 所示，采取哪种方法提取镍，在很大程度上取决于所用的原料以及要求的产品。

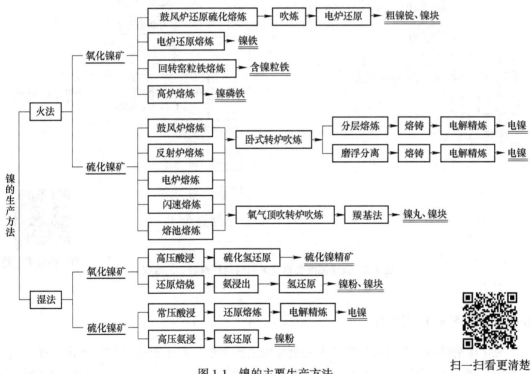

图 1-1　镍的主要生产方法

扫一扫看更清楚

这些冶炼方法中，火法造锍熔炼历来是最主要的生产方法，现在利用红土镍矿冶炼镍铁又成为新一代的重要方法。硫化镍矿造锍熔炼的工艺有反射炉、鼓风炉、电炉、闪速炉以及氧气顶吹熔炼、熔池熔炼等，其中闪速炉在降低能耗、提高硫实收率、防止污染等方面有优势。红土镍矿冶炼镍铁的工艺有鼓风炉、高炉、矿热炉和回转窑粒铁法，其中矿热炉熔炼在原料性质、能源消耗和产品销售形式等方面具有领先地位。我国金川公司和新疆阜康冶炼厂（处理喀拉通克铜镍矿鼓风炉熔炼产出的金属化高镍锍）镍生产的原则工艺流程如图 1-2 所示。

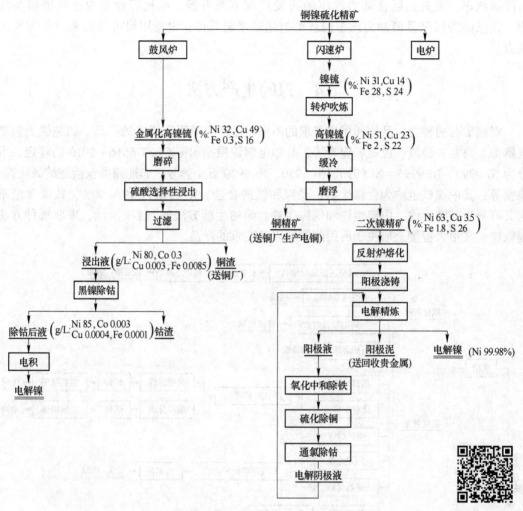

图 1-2　我国镍冶金目前采用的两种典型工艺流程

1.4.1　硫化精矿的火法冶炼

硫化矿造锍熔炼工艺是目前镍火法冶炼的主要方法，由于镍精矿的特点是硫镍比高，一般为 2~5，远高于铜精矿与铅、锌精矿的硫与金属比值（0.2~1.6），因此，在硫化镍精矿的火法处理中，防止或减少污染是十分重要的。闪速熔炼比较适合这一特点，因而该法获得较大发展。电炉熔炼也能解决烟害，且对物料的适应较广泛，也获得发展。鼓风炉具有规模、投资等灵活性，在一定条件下可以使用。

1.4.1.1　分层熔炼法

早期的方法是将高镍锍与硫化钠一起混熔。在熔融状态下，硫化铜易溶于硫化钠中；

而硫化镍则不易溶于硫化钠。在硫化铜、硫化镍与硫化钠三相共存中，大部分硫化铜进入硫化钠相而浮在顶层，而硫化镍相因密度大而沉入底层。冷却凝固后，很容易将顶底层分开，再将分离后的硫化镍与硫化铜分别送去精炼。这一方法效率低，操作复杂，现已不用。

1.4.1.2 选矿分离法

在铜镍高锍由熔融状态缓慢冷却过程中，硫化铜与硫化镍分别生成粗颗粒的结晶，同时分离出部分铜镍合金。缓冷、结晶后的产物，经破碎、磨矿，在高 pH 值条件下，进行磁选、浮选分离。泡沫为铜精矿，尾矿为镍精矿，磁选产品为含贵金属的铜镍合金，这三种产品分别送往精炼。

1.4.1.3 优化溶解法

高镍锍焙烧后，用硫酸选择性浸出铜；氧化镍留在浸出渣中，经还原熔炼，产出金属镍阳极，再进行精炼。含铜溶液经电积得到电铜。

以上的铜镍分离工艺都属于火法工艺，流程复杂，分离与精炼分两步进行，精炼多采用电解法。

1.4.2 硫化精矿的湿法冶炼

硫化精矿的湿法冶炼始于加压氨浸工艺，其原则流程已如前述。其他湿法冶金工艺，均为处理从镍精矿分选出来的低镍高铁的磁黄铁矿。单独处理含镍磁黄铁矿的目的，在于提高镍精矿品位，从而提高火法冶炼效益，同时有效地利用铁的资源与回收镍。

1.4.2.1 硫酸化焙烧浸出法

鹰桥公司采用此法。含镍磁黄铁矿在流态化炉内进行硫酸化焙烧，使镍、铜、钴转化为水溶性金属硫酸盐，经水浸、加温、置换得出含镍、铜、钴的高品位精矿。浸出渣经洗涤、过滤、干燥后，制成氧化铁球团矿。

1.4.2.2 氧化焙烧-还原氨浸法

铜崖冶炼厂采用此法。镍黄铁矿在流态化炉内进行氧化焙烧，再在回转窑内进行控制还原焙烧，得到的焙砂经碳氨（$NH_3 \cdot CO_2$）溶液浸出，浸出液经硫氢化钠除铜，加碳酸钠蒸氨，得纯碳酸镍沉淀，再经干燥、煅烧后得高品位氧化镍。之后，浸出渣经磁选、洗涤、干燥、烧结成球团矿。

1.4.2.3 氧压浸出法

诺里尔斯克镍公司采用此法。镍磁黄铁矿在80%氧气下加压浸出，浸出液中加入硫代硫酸钙，控制温度和硫代硫酸钙加入量，分别得到石膏、铜精矿和镍精矿。

1.4.3 氧化镍矿（红土镍矿）的火法冶炼

氧化镍矿（红土镍矿）的火法冶炼包括以下工序：

（1）备料。由于氧化镍矿的赋存范围广，矿床规模大，成矿时风化程度不一，因此必须选择、圈定固定的区域，以期得到稳定的矿石。此外，还必须筛出低品位的大块矿石，以便于处理。

（2）预处理。氧化镍矿含有大量结晶水与游离水，多者近30%，所以需要预干燥，干燥后的矿石含水20%，再进行预焙烧或预还原。

（3）工艺。由于焙烧或还原的方法不同，出现不同的工艺。例如：竖炉预还原电炉熔炼法（鹰桥·多米尼加），回转窑还原电炉熔炼法（塞罗·马托沙），煅烧还原成镍铁法（太平洋金属公司），烧结—熔炼法（新喀里多尼亚矮高炉熔炼，现已停用）。

熔炼工艺大部分采用回转窑—电炉熔炼法。火法冶炼的矿石多为低铁高镁的蛇纹岩型矿石，矿石熔点常高达1550~1600℃，高于一般处理硫化镍矿的1250℃熔点，所以火法处理红土镍矿的能耗高。据估算，每吨干矿耗电550kW·h，还需增加64kg的燃料油。火法工艺镍的回收率可达95%，而钴的回收率则很低。电炉的产品通常是含镍20%~50%的镍铁，也可在熔炼时加硫产出高镍锍产品。

红土镍矿的火法冶炼方法应用很广，远超出湿法工艺。目前已采用火法的国家或地区有：新喀里多尼亚、印度尼西亚、日本、希腊、苏联、多米尼加、美国与危地马拉等。

1.4.4 氧化镍矿（红土镍矿）的湿法冶炼

氧化镍矿的湿法冶炼有两种工艺：

（1）还原焙烧氨浸法。传统的方法用于处理含铁大于25%，含镍较低的红土镍矿。其原则流程是：干燥→磨矿→选择性还原→氨浸出→分离钴→蒸氨得碱式碳酸镍，煅烧成氧化镍。

还原焙烧氨浸法的镍实收率为75%~80%，钴为40%~50%，主要消耗燃料油，约为200kg/t干矿，此外还需一些蒸汽与动力。但焙烧与焙烧前的工序能耗大，约占总能耗的70%。

（2）加压酸浸法。用于处理低镁的红土镍矿，以减少硫酸的消耗。原则流程是：湿矿浆化后，泵入浸出塔，在200~250℃温度条件下，与硫酸接触，使镍、钴、镁溶解，而铁则水解。固液分离后，在溶液中用H_2S沉淀获得镍、钴的硫化物，精炼后分别得到金属镍与钴。

加压酸浸法工艺的燃料消耗低，油耗约40kg/t干矿。矿石含镁3%~4%时每吨干矿石需硫酸80~100kg/t。镍的实收率为90%~95%，钴为85%~90%。

红土镍矿的湿法冶炼工艺均起源于古巴。还原焙烧氨浸工艺及其变更方案用于澳大利亚、菲律宾、印度与巴西等地，我国为阿尔巴尼亚设计的工厂也曾采用这个工艺。加压浸出工艺目前只有古巴的毛阿厂使用，加压浸出具有潜在优势，将会有很大的发展。

总之，从以上分析可以看出，镍的冶炼工艺是多种多样的。随着科学技术的进步、新资源的发现，镍的冶炼工艺还会不断提高与发展。

 练习题

1-1 简述金属镍的物理性质和化学性质？

1-2 镍的主要用途有哪些？

1-3 硫化镍矿的火法冶炼方法主要步骤有哪些？

1-4 说说红土镍矿的基本冶炼工艺步骤。

1-5 氧化镍矿的湿法冶炼有哪几种工艺？

2 镍 矿 资 源

镍在地壳中的含量仅次于硅、氧、铁、镁，居第5位，相当于铜、铅、锌三种金属加起来的两倍之多，但富集成可供开采的镍矿床则寥寥无几。地核中含镍最高，是天然的镍铁合金。镍矿在地壳中的含量为0.018%，在地壳中铁镁质岩石含镍高于硅铝质岩石，例如橄榄岩含镍为花岗岩的1000倍，辉长岩含镍为花岗岩的80倍。世界上镍矿资源分布中红土镍矿约占55%，硫化物型镍矿占28%，海底铁锰结核中的镍占17%。其中，海底铁锰结核由于开采技术及对海洋污染等因素，目前尚未实际开发。2017年，世界镍矿资源主要分布在澳大利亚、巴西、俄罗斯和古巴，以上四国镍矿储量合计占世界镍矿储量的56.5%。其中，澳大利亚镍矿储量1900万吨，居世界首位；巴西镍矿储量1200万吨，居世界第二；俄罗斯镍矿储量760万吨，居世界第三。表2-1是2017年世界镍矿资源储量分布情况。

表 2-1 2017 年世界镍矿资源储量分布情况

国家	储量/万吨	占世界储量的比例/%	国家	储量/万吨	占世界储量的比例/%
澳大利亚	1900	24.36	加拿大	270	3.46
巴西	1200	15.38	危地马拉	180	2.31
俄罗斯	760	9.74	马达加斯加	160	2.05
古巴	550	7.05	哥伦比亚	110	1.41
菲律宾	480	6.15	美国	13	0.17
印度尼西亚	450	5.77	新喀里多尼亚（法）	—	—
南非	370	4.74	其他	1067	13.69
中国	290	3.72	世界总计	7800	100.00

资料来源：Mineral Commodity Summaries，2018。

我国镍矿资源的储量分布高度集中，仅甘肃金川镍矿，其储量就占全国总储量的63.9%，新疆喀拉通克、黄山和黄山东三个铜镍矿的储量也占到全国总保有储量的12.2%。我国镍矿主要是硫化铜镍矿，占全国总保有储量的86%，其次是红土镍矿，占全国总保有储量的9.6%。我国镍矿石品位较富，平均镍大于1%的硫化镍富矿石约占全国总保有储量的44.1%。镍矿的地质工作程度比较高，属于勘探级别的储量占到了全国总保有储量的74%。我国镍矿地下开采的比重较大，占全国总保有储量的68%，而适合露采的只占到13%。我国镍矿资源的这些特点，给我国镍矿的开发利用带来了有利的一面，也产生了不利的因素。由于矿石储量分布集中，矿石又比较富，容易形成大型的采选冶企业，而且经济效益较好。例如：甘肃金川矿区，储量大，品位高，镍金属储量550万吨，列世界同类矿床第三位；近几年金川是中国最大的镍钴生产基地，被誉为中国的"镍都"。但是也应该看到，储量高度集中，而且埋藏深，不能露采，因此对扩大产量、提高经济效益带来了影响。我国主要镍资源及其储量见表2-2。

表2-2 我国主要镍矿资源及储量

矿 山		镍金属储量/kt	矿石平均品位/%
$w(Ni)>0.8\%$ 的硫化镍矿	甘肃金川矿	5486.0	1.06
	新疆喀拉通克铜镍矿	600.0	3.20
	吉林盘石矿	240.0	1.30
	云南金平镍矿	53.0	1.17
	四川会理镍矿	27.5	1.11
	青海化隆矿	15.4	3.99
$w(Ni)<0.8\%$ 的硫化镍矿	云南元江镍矿	526.0	0.80
	陕西煎茶岭镍矿	283.0	0.55
	四川胜利沟镍矿	49.3	0.53
其他		720.8	
合计		8000	

同时，我国也是红土镍矿资源比较缺乏的国家之一，目前全国红土镍矿保有量仅占全部镍矿资源的9.6%，不仅储量比较少，而且国内红土镍矿品位比较低，开采成本比较高，这就意味着我国在红土镍矿方面并没有竞争力。而我国又是不锈钢产品主产国，红土镍矿是镍铁的主要原料，且镍铁又是不锈钢的主要原料，因此我国每年都需大量进口红土镍矿来发展不锈钢工业，主要进口国家为印度尼西亚、澳大利亚和菲律宾等地。由于印度尼西亚从2014年禁止镍矿原矿出口，目前国内镍生产企业已经开始另寻渠道或在印度尼西亚建厂。

2018年全球镍产量（按镍矿中含镍量折算）为230万吨，产量同比增长6.5%，大约有48%的镍矿被用于生产铁合金。印度尼西亚、澳大利亚和巴西的镍矿石储量位列全球前三位，但澳大利亚和巴西由于其镍矿品位低，开采难度大，产量并不高。2018年镍矿产量最高的两个国家分别是印度尼西亚和菲律宾，产量分别为56万吨和34万吨，分别占全球产量的24%和15%。其中，印度尼西亚的镍矿石出口量由2016年的19.9万吨飙升至2018年的56万吨，两年间增速超过180%，出口增长最快。

印度尼西亚是全球镍矿石产量最大的国家。在2014年初，印度尼西亚政府颁布了原矿出口禁令并要求在印度尼西亚生产精粉的矿产企业缴纳相应的专项附加税费，目的在于强制国内矿业公司在印度尼西亚投建冶炼工厂。禁令颁布后，印度尼西亚镍矿产量和出口量一度大幅下滑。直到2017年印度尼西亚颁布新规，规定了520万吨镍矿湿矿的出口限额，放松了持续三年的出口禁令。之后，印度尼西亚又陆续批准了多个出口配额，截至2019年8月，印度尼西亚批准镍矿配额总量达到7157万吨湿矿，其中未到期的配额数量为3861万吨。

2014年印度尼西亚禁止镍矿出口以后，菲律宾镍矿产量快速增长至47万吨。2016年菲律宾开始实行严苛的环保审查，当年产量回落至34.89万吨，降幅高达25.77%。2017年，受镍价快速上升影响，菲律宾镍矿产量同比增加4.9%达到36.6万吨，占全球镍矿产量的17.02%；2018年菲律宾镍矿产量34万吨，同比减少7%。菲律宾国内日趋严格的环保政策对其镍矿产量带来不利的影响，其出口或将持续小幅减少。

硫化镍矿的开采量加大导致硫化镍矿的储量和品位逐渐降低,造成硫化镍矿的资源越来越少,开采成本也越来越高。红土镍矿开采成本低、资源潜力大,是未来镍资源的主要来源。2007 年,中国发明镍铁工艺,通过火法冶炼方法将红土镍矿冶炼成镍铁,这一工艺的普及使用让东南亚的红土镍矿需求量大增。2010 年以后,世界镍资源开采热点逐渐从硫化镍矿开发向红土镍矿开发转移。

目前,我国镍矿山大都以硫化铜镍矿产出。铜镍矿有价金属的含量很低,变化很大。对于含镍量大于 7% 的铜镍矿石可直接送去冶炼,小于 3% 的需经过选矿富集。浸染碎矿一般经过优先或综合浮选而得到硫化镍精矿或硫化铜镍精矿。综合浮选适用于处理含量高的矿石和小规模的企业,这时铜和镍同时选出得到铜镍精矿,不需另建立一个铜厂来单独熔炼铜精矿。但是对于处理含铜量高、含镍量低的矿石和生产规模大的企业,从经济上和技术上都希望采用优先浮选。优先浮选得到的硫化铜精矿比较易熔,黄铜矿比镍黄铁矿和磁硫铁矿都容易浮选,而且矿石中黄铜矿是以单独晶粒存在。

由于我国硫化镍资源急剧减少,氧化镍矿储量少且品位较低、难提取,与国外氧化镍矿储量大、品位高的一些国家相比,缺乏竞争力,中国各有色金属企业积极在全球范围内开发红土镍矿资源。宝钢集团同金川集团联手,投资 10 亿美元用于菲律宾诺诺克岛镍矿资源的开发;中国五矿集团与古巴合作在 Moa 合资企业建设年产 2.25 万吨镍的生产工厂;中国冶金建设集团同吉林镍业公司合作开发位于巴布亚新几内亚的瑞木镍矿(该矿的镍平均品位约 1%,预计总投资为 6.7 亿美元);中国金宝矿业公司则与缅甸矿业部所属公司签署了缅甸莫苇塘镍矿的合作勘探及可行性研究协议;中国有色集团缅甸达贡山红土镍矿年处理干矿 132 万吨,冶炼厂年产含镍 26% 的镍铁 8.5 万吨,矿山地质储量 4300 万吨,其中经济储量 2239.6 万吨,平均含镍 1.96%。

对于含镍低,铁多、硅镁少的褐铁矿型红土镍矿,从节能减耗的角度出发,宜采用湿法浸出工艺;而对于含镍较高,铁低、硅镁高的硅镁型红土镍矿,最有效的处理方法还是采用还原熔炼生产镍铁工艺。

以镍铁作为冶炼不锈钢、合金钢与合金铸铁的镍合金原料,可以减少金属镍的消耗,增加镍元素的来源,且成本低于电解镍,使生产单位和用户双方均获得良好的经济效益,具有较强的价格竞争优势。如果采用湿法工艺将红土矿中的镍与铁等元素分离,然后再在炼钢的过程中融合,明显造成能源和资源的浪费,从长远来看是不足取的,如何更直接、合理地利用红土镍矿显得尤为重要。

2.1　红土镍矿资源

全球镍储量相对集中,前十名储量占比达 95%。近年来全球镍矿储量增长趋缓,据数据显示,2018 年全球镍资源量超过 1.3 亿吨,镍储量为 8900 万吨。由于近年来不锈钢对镍需求的增长,印度尼西亚的镍矿投资加大,2018 年储量同比大幅增长,成为镍资源最丰富的国家,储量 2100 万吨,约占全球储量的 24%,其次是澳大利亚、巴西、俄罗斯、法属新喀里多尼亚、古巴、菲律宾等国。中国是贫镍国,储量约 280 万吨,主要集中在金川镍矿,占比约为 3%。世界红土镍矿资源分布情况见表 2-3。储量大小与镍的边界品位有密切关系,当边界品位取值低时,其资源量将会成指数倍增。

表 2-3 世界红土镍矿资源分布情况

国家或地区	镍品位/%	镍金属量/万吨	占比/%
新喀里多尼亚（法）	1.44	3685	23
菲律宾	1.28	2802	17
印度尼西亚	1.61	2537	16
澳大利亚	0.86	2109	13
中南美洲	1.51	1708	11
非洲	1.31	1305	8
加勒比海地区	1.17	1104	7
亚洲和欧洲	1.04	526	3
其他国家	1.18	317	2
总计	1.28	16093	100

用红土镍矿生产的镍金属年产量占比世界原生镍年产量在逐年增加，目前大于50%。随着硫化镍矿资源的日趋枯竭，红土矿将是未来镍的主要来源。目前，我国主要从印度尼西亚和菲律宾这两个国家进口，主要用于生产镍铁和电解镍。2009~2014年我国进口红土镍矿情况见表2-4。

表 2-4 2009~2014年我国进口红土镍矿情况 （万吨）

国家	2009年	2010年	2011年	2012年	2013年	2014年
印度尼西亚	16.1	628.7	739.6	717.4	1220.5	2559.8
菲律宾	334.3	797.0	401.2	869.2	1233.8	2204.1
西班牙	8.2	8.4	10.4	11.7	8.1	2.9
加拿大	0.94	0.84	0.56		0.29	0.3
澳大利亚	9.8	12.6	21.6	21.9	19.9	27.7
俄罗斯			7.7	13.2	9.9	3.7
其他	8.4	108.9	51.7	8.6	8.3	7.0
总量	377.8	1556.4	1232.8	1642.1	2500.7	4805.6

根据红土镍矿床的地理分布，可将世界红土镍矿大致分为大洋洲、东南亚、中南美洲、非洲、欧洲和乌拉尔六个成矿区。大洋洲成矿区内已探明红土镍矿（金属量）超过5800万吨，其中大部分产于法属新喀里多尼亚和澳大利亚等国；东南亚成矿区内已探明红土镍矿（金属量）超过5200万吨，其中大部分产于印度尼西亚、菲律宾，部分产于缅甸，少量产于马来西亚；中南美洲成矿区内已探明红土镍矿（金属量）约3000万吨，主要分布于古巴、巴西等赤道与近赤道国家，其中又以古巴、巴西等国最为丰富；非洲成矿区内已探明红土镍矿（金属量）1300多万吨，主要分布于非洲西部、中部、北部地区及东南部马达加斯加岛，该区红土镍矿多数只有次经济意义，具有开发价值的只有科特迪瓦、布隆迪、埃及、喀麦隆和马达加斯加的少数几个矿床；欧洲成矿区内已探明红土镍矿（金属

量）400多万吨，主要分布于希腊、塞尔维亚、波兰、阿尔巴尼亚等国及毗邻的西亚土耳其；乌拉尔成矿区内已探明红土镍矿（金属量）200多万吨，主要分布于俄罗斯乌拉尔中部和南部，少量分布在北哈萨克斯坦。

我国镍矿类型主要分为硫化铜镍矿和红土镍矿两大类，但是以硫化铜镍矿为主，约占全国总量的90%，并且共伴生矿产多、综合利用价值高；红土镍矿约占总量的10%。我国镍矿床类型主要为岩浆熔离型硫化铜镍矿床，围岩种类丰富。根据国家统计局数据：2016年底我国镍矿探明储量为277.4万吨，2017年我国镍矿储量约为290万吨。

我国镍矿分布就大区来看，主要分布在西北、西南的甘肃、新疆、四川、云南和青海5省（自治区），其保有储量占全国总储量的比例为95%。其中甘肃储量最多，占全国镍矿总储量的70%，其次是新疆、云南、吉林、湖北和四川；而红土镍矿主要分布在云南省，如元江中型红土镍矿、潞西市邦滇寨小型红土镍矿床，部分分布在青海省和海南省。

2.1.1　红土镍矿矿床

红土镍矿是由含镍的岩石在热带或亚热带经长期风化浸淋蚀变富集而成。如以含镍橄榄石为主的橄榄岩，在含有 CO_2 酸性地面水的长期作用下，橄榄岩被分解，镁、铁及镍进入溶液；硅则趋向于形成胶状悬浮液向下渗透；铁逐渐氧化并很快呈氢氧化铁沉淀，最终失去水而形成针铁矿和赤铁矿，少量镍、钴也一起沉淀。铁的氧化物沉淀在地表，而镁、镍及硅则留在溶液中进入地表层下，与岩石或土壤作用被中和之后呈含水硅酸盐沉淀下来。由于镍比镁优先沉淀，故在沉淀的矿石中的镍镁比高于溶液中的镍镁比，因此镍得以富集。由于溶入及沉淀多次发生，故一般红土镍矿中含 Ni 可由原矿的0.5%富集至1.5%~4%，这个富集过程可能经历了几千年到几百万年。

红土镍矿含 Ni 1.6%~3%，红土矿中仅伴生有少量钴（褐铁矿型含钴略大于蛇纹岩型），无硫，无热值。但矿石储量大，而且赋存于地表，易采，可露天作业，具备开发的优越条件。氧化镍和硫化镍一样，现在已成为镍的重要来源。由于矿床风化后铁的氧化，矿石呈红色，所以称为红土镍矿。矿床上部铁多、镍较低、硅少、镁少、钴稍高；矿床的下部，由于风化富集，硅多、镁多、铁低、镍较高、钴较低。

基于风化淋滤作用的结果，根据红土风化壳的矿化剖面结构和主要载镍矿物学特征，可将红土镍矿床分为三种类型：硅酸盐型、黏土型和氧化物型。

（1）硅酸盐型红土镍矿床：以红土化剖面下部出现富镍含水硅酸盐矿物层为特征，主要载镍矿物为硅镁镍矿。如印度尼西亚苏拉威西岛 Sorowako 矿床和法属新喀里多尼亚 Goro 矿床。

（2）黏土型红土镍矿床：以在红土剖面中上部层位出现以蒙脱石为主的黏土类矿物层为特征，主要载镍矿物为含镍蒙脱石和含镍针铁矿。如澳大利亚的莫林莫林（Murrin Murrin）布隆（Bulong）及非洲西象牙海岸的 Sipilou 和 Moyango 矿床。

（3）氧化物型红土镍矿床：以红土带特别发育且腐岩带弱少为特征，含水铁氧化物和氧化物构成红土剖面主要矿物成分，含镍针铁矿是主要载镍矿物。如澳大利亚考斯（Cawse）矿床、土耳其 Caldag 矿床。

其中，硅酸盐型红土型镍矿床大多数在构造活动频繁、热带气候环境和排水系统相对发育的地域内产出，其品位较另两种类型矿床高，平均可达1.53%，而黏土型和氧化物型矿床分别只有 1.21% 和 1.03%。与此相反,黏土型镍矿床主要发育在排水不畅的水文地质环境中。

在法属新喀里多尼亚、印度尼西亚、菲律宾、巴布亚新几内亚和加勒比海地区等国家或地区产出的红土型镍矿床均属硅酸盐型,此类矿床又被称为"湿型"矿床。相比之下,在距赤道较远的南半球大陆,如澳大利亚的昆士兰州和新南威尔士州等地,由于受地形地貌特点、排水系统发育程度和半旱到干旱气候条件影响,其红土型镍矿床主要为黏土型和氧化物型,此类矿床又被称为"干型"矿床。红土镍矿成矿模式如图 2-1 所示。

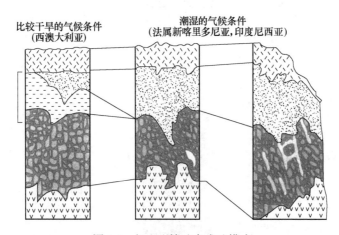

图 2-1 红土型镍矿床成矿模式

1—铁质壳;2—褐铁矿层;3—蒙脱石层;4—镍腐泥土;5—蚀变橄榄岩;6—富镍黏土条带

2.1.2 印度尼西亚北科纳威镍矿床

印度尼西亚北科纳威镍矿区位于苏拉威西岛的东南支岛。"D块段"北部地貌如图 2-2 所示,矿区内红土风化壳发育广泛,且发育程度较高,为矿区内红土型镍矿的主要赋矿层。红土风化壳发育程度及结构带分布从矿区内露出的自然剖面及探矿工程的揭露显示,超基性岩体顶部的红土风化壳存在三个明显的分化带:A 为红土盖层(残余红土带);B 为腐岩层(蚀变橄榄岩带);C 为基岩(原始橄榄岩带)。按岩性变化大致可分为六层,从上往下次序分别为:A_1 为褐红色腐殖土,厚 $0 \sim 1.5m$;A_2 为褐红色、褐黄色黏土,部分地段见褐铁矿铁帽,局部夹褐铁矿团块和结核,厚 $0 \sim 53.0m$,平均厚 $1.60 \sim 4.24m$,为主要含矿层位;B_1 为红黄色-黄红色土状风化橄榄岩,部分地段缺失,厚 $0 \sim 46.0m$,平均厚 $3.22 \sim 5.50m$,为主要含矿层位;B_2 为黄色、黄绿色土块状风化橄榄岩(土夹石),部分地段缺失,厚 $0 \sim 68.0m$,平均厚 $4.36 \sim 9.78m$,为主要含矿层位;B_3 为浅黄色、浅灰色块状半风化橄榄岩,厚度变化较大,沿节理面有不同程度蛇纹石化,底部多夹浅绿色硅酸镍细脉和石英碎块,厚 $0 \sim 37m$,平均厚 $1.25 \sim 3.90m$,为主要含矿层位;C_1 为棕灰色、灰黑色橄榄岩,呈致密块状,岩石节理发育,沿节理面有不同程度蛇纹矿区红土风化壳剖面石化,局部可见少量浅绿色硅酸镍细脉。矿区红土风化壳各层及镍矿石平均化学成分见表 2-5。

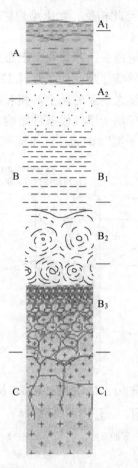

图 2-2 印度尼西亚北科纳威镍矿区红土风化壳剖面

A—红土盖层；B—腐岩层；C—基岩；A_1—褐红色腐殖土；A_2—褐红色、褐黄色黏土；

B_1—红黄色-黄红色土状风化橄榄岩；B_2—黄色、黄绿色土块状风化橄榄岩；B_3—浅黄色、浅灰色块状半风化橄榄岩；

C_1—棕灰色、灰黑色橄榄岩

表 2-5 矿区红土风化壳各层及镍矿石平均化学成分　　（质量分数/%）

岩性类型	样品数	$w(Ni)$	$w(Co)$	$w(TFe)$	$w(MgO)$	$w(Al_2O_3)$	$w(SiO_2)$	$w(Cr_2O_3)$
褐红色腐殖土（A_1）	21	0.79	0.062	30.67	3.92	14.64	19.99	3.40
褐红色、褐黄色黏土（A_2）	587	1.06	0.073	44.63	1.62	10.48	8.92	2.70
土状腐岩（B_1）	2553	1.34	0.095	40.66	3.05	10.10	12.42	2.77
土块状腐岩（B_2）	1143	1.61	0.080	33.64	6.16	8.48	20.80	2.27
碎块状、块状腐岩（B_3）	1612	1.40	0.029	14.34	24.10	2.97	37.93	0.82
基岩（C）	96	0.55	0.016	8.92	35.47	1.90	40.14	0.48
风化壳平均值	6012	1.37	0.071	32.11	9.67	7.80	20.98	2.11
腐岩层（B）	5310	1.42	0.072	31.15	10.12	7.59	21.97	2.07
镍矿石（Ni 不小于 1.0%）	4958	1.48	0.076	32.56	8.92	7.71	20.85	2.18

2.2 硫化镍矿资源

镍是亲铁元素，并具有强烈亲硫性，是天然的镍铁合金。在岩浆结晶早期，在镍含量一定的前提下，镍在岩石中的富集程度取决于硫的逸度。当有足够的硫时，镍与硫及其硫化物（砷、锑）形成含镍硫化物，在硅酸矿物结晶前分离出来，形成镍的硫（或砷）化物（如针镍矿、磁黄铁矿、镍黄铁矿、红砷镍矿、砷镍矿、镍华）。

硫化镍矿一般含镍1%，选矿后的精矿品位可达6%~12%，如加上伴生的有价金属（铜、钴）可达6%~15%；此外，还常含有一定量的贵金属。精矿中还有以硫化铁形态存在的燃料成分，精矿的热值为2091~4182MJ/t。因此，硫化镍矿的经济价值是比较高的。

硫化镍矿主要以镍黄铁矿（$(Fe,Ni)_9S_8$）、紫硫镍铁矿（Ni_2FeS_4）、针镍矿（NiS）等游离硫化镍形态存在，有相当一部分镍以类质同象赋存于磁黄铁矿中。硫化镍矿床普遍含铜，常称为含铜硫化镍矿床。除铜外，一般常伴生有铁、铬、钴、锰、铂族金属、金、银及硒和碲等。按镍含量不同，原生镍矿可分为三个等级：特富矿，$w(Ni) \geqslant 3\%$；富矿，$1\% \leqslant w(Ni) \leqslant 3\%$；贫矿，$0.3\% \leqslant w(Ni) \leqslant 1\%$。

2.2.1 硫化镍矿矿床

世界上最著名的硫化铜镍矿床，无论是我国西北的金川镍矿，或者是加拿大萨得贝里、汤姆逊，俄罗斯西伯利亚的诺里尔斯克等地或澳大利亚的卡姆巴尔达矿床形成均与基性或超基性岩有关。因此，在各地的铜镍硫化矿床中，矿石中的脉石矿物组成也十分类似。在硫化铜镍矿石中，不仅有硫化铜及硫化镍矿物，还伴有种类繁多的其他矿物，如自然金属、金属互化物、多种金属与硫、砷、硒、碲、铋、锡、锑、氧等形成的化合物。

在成矿溶液的运移过程中，由于外界物理化学条件的改变，岩石将发生蚀变；在蚀变过程中，使金属矿物组合和脉石矿物组成都发生重大变化。由于地质条件的差异，使得同一硫化铜镍矿体在不同的空间部位存在不同程度的浅层蚀变。在某些矿体中，原生硫化矿物与次生矿物交错共存，而使矿物组成变得十分复杂。原生硫化矿物的共生组合为：磁黄铁矿—镍黄铁矿—黄铜矿；其特点是：矿物晶格成分稳定，自然可浮性良好。次生硫化铜镍矿物共生组合为：次生黄铁矿、白铁矿—紫硫镍矿、针镍矿—黄铜矿；其特点是：矿物晶格成分不稳定，矿物易解离，并易被氧化，易粉碎等，如紫硫镍矿等天然可浮性差。在硫化矿浅层蚀变的同时，围岩也发生蚀变，如有氧存在的条件下，脉石矿物发生蛇纹石化时析出云雾状的磁铁矿并嵌布在蛇纹石中。因此，在硫化铜镍矿中，脉石矿物易泥化，有一定磁性，自然可浮性好等。

我国硫化物型镍矿资源较为丰富，主要分布在西北、西南和东北的19个省（自治区），其保有储量占全国总储量的比例分别为76.8%、12.1%、4.9%。就各省（自治区）来看，甘肃储量最多，占全国镍矿总储量的62%（金川的镍产量提炼规模居全球第二），随后是新疆（11.6%）、云南（8.9%）、吉林（4.4%）、湖北（3.4%）和四川（3.3%）。我国三大镍矿分别为：金川镍矿、喀拉通克镍矿、黄山镍矿，主要生产厂家有：金川集团有限公司、吉林吉恩镍业股份有限公司、新疆有色金属工业（集团）阜康冶炼厂。其中金川集团是我国最大的电解镍生产商。金川集团拥有的金川镍铜矿是世界著名的大型多金属共生的硫化矿，探明资源量 5.2 亿吨。目前，金川集团保有矿石资源量为 4.3 亿吨，其中镍金属保有资源量 450 万吨；2012 年镍产量为 13.5 万吨，2011 年镍产量为 13 万吨。2013 年青海新发现的大型镍矿已探明储量超过 44 万吨，专家认为这是个标杆型的发现，对整个东昆仑地区乃至全国寻找该类型矿床都具有重大指导意义。我国是全球最大的镍铁生产和消费国，随着经济的不断发展，对镍资源的需求将不断增加。

2.2.2　硫化镍矿的选矿

绝大多数的原生硫化镍矿的镍含量都低于 3%，对于镍含量在 0.3%~1% 的硫化镍矿则需要进行选矿处理。在含铜的硫化镍矿中，镍主要呈镍黄铁矿、针硫镍矿、紫硫镍矿等游离硫化镍形态存在，此类硫化镍矿主要用丁基或戊基等高级黄药有效浮选。浮选后的镍精矿镍含量从 3% 到 8%（分级每相差 0.5% 分一个级，共有 11 个级别：特级品 $w(Ni) \geqslant$ 8%，一级品 $7.5\% \leqslant w(Ni) \leqslant 8\%$，…，九级品 $3.5\% \leqslant w(Ni) \leqslant 4\%$，十级品 $3\% \leqslant w(Ni) \leqslant 3.5\%$）。

世界各地的硫化铜镍矿床，其矿物学性质大致相似。在这一矿物体系中，黄铜矿具有最好的可浮性，而镍黄铁矿无论在弱酸性、弱碱性或碱性介质中，其可浮性总是比磁黄铁矿好；在浅层蚀变的条件下，主要是由黄铁矿、紫硫镍矿、黄铜矿等组成，在浮选实践中，黄铜矿和大部分镍黄铁矿、紫硫镍矿均可迅速浮出，而磁黄铁矿和 Fe/Ni 值较高的紫硫镍矿则浮出缓慢。常见的共生矿物大致都是铜镍铁矿、四方硫铁矿、白铁矿、墨铜矿以及少量的铂族矿物。

矿石中硫化镍、硫化铜、硫化铁矿含量之比，硫化矿物嵌布粒度，不同硫化矿物间镶嵌关系以及脉石矿物种类等是决定选矿工艺的主要因素。在选矿实践中，贵金属多半富集在浮选精矿中，它们基本上都是随着镍和铜的富集呈现出正相比关系。

2.2.3　镍的硫化矿石

自然中广泛存在的镍硫化矿是（Ni·Fe）S（密度 5g/cm³，硬度 4），其次是针硫镍矿 NiS（密度 5.3g/cm³，硬度 2.5），另外还有辉铁镍矿 3NiS（密度 4.8g/cm³，硬度 4.5）、钴镍黄铁矿（NiCO）₃S₄ 或闪锑镍矿（Ni·SbS）等。

硫化镍矿通常含有主要以黄铜矿形态存在的铜，所以镍硫化矿又常称为铜镍硫化矿。另外，硫化矿中含有钴（其量为镍量的 3%~4% 和铂族金属）。

铜镍硫化矿可以分为两类：致密块矿和浸染碎矿。含镍高于 1.5%，而脉石量少的矿石称为致密块矿；含镍量低，而脉石量多的贫矿称为浸染碎矿。从工艺特点来看，这种分类便于对各类矿石进行下一步的处理。贫镍的浸染碎矿直接送往选矿车间处理，而含镍高的致密块矿直接送去熔炼或者经过磁选。

铜镍硫化矿的特点主要是很坚硬，难以破碎，其次是受热时不爆裂，其原因是矿石中的硫化物主要是磁硫铁矿。

铜镍硫化矿石中的平均含镍量变动很大，由十万分之几到 5%~7% 或者更高。一般的矿石可能含量比较低，但在个别情况下铜的含量可能与镍的含量相等或比镍高。铜镍硫化矿的一般化学成分见表 2-6。

表 2-6 铜镍硫化矿的化学成分 （质量分数/%）

厂别	$w(Ni)$	$w(Cu)$	$w(Fe)$	$w(S)$	$w(SiO_2)$	$w(Al_2O_3)$	$w(CaO)$	$w(MgO)$	$w(Co)$	其他
1	5.62	1.77	44.68	27.68	10.01	6.85	1.29	1.4		
2	2.30	1.9	29.1	17.2	26.8	9.0	3.4	4.2		
3	2.54	1.08	33.6	20.7	22.4	6.0	1.9	1.7		
4	0.34	0.46	11.00	2.0	40.45	16.18	8~10	8.12		
5	1.75	2.6	24.5	11.5	32.0	10	5.0	5.5		
6	4.83	0.83	51.57	28.00	1.64	0.09		1.0		
7	7.00	2.56	38.52	27.20	9.3		1.96	3.1	0.17	
8	4.59	1.46	20.63	13.97	24.30		3.24	6.15		
9	3.28	4.59	43.22	27.83	7.55		1.16	1.77		
10	3.46	3.54	46.98	31.55	6.70		0.64	2.42		

练习题

2-1 氧化镍矿的成因是什么？

2-2 根据红土风化壳的矿化剖面结构和主要载镍矿物学特征，红土镍矿床可以分为哪三大类型。

2-3 简述印度尼西亚北科纳威镍矿床地质特征。

2-4 硫化镍矿原生矿等级如何划分？

2-5 简述铜镍硫化矿的特点。

3 高炉冶炼镍铁

高炉生产铁合金时的操作方法与生铁的生产方法类似。目前，高炉常用来生产锰铁、钛铁和低品位含镍和含铬生铁（铁合金）。在高炉的还原条件下，金属被碳充分饱和，因而高炉生产的镍铁较矿热炉镍铁含碳高。

3.1 氧化还原的基本规律

炼铁过程实质上是将铁从其自然形态矿石等含铁化合物中还原出来的过程，主要的化学反应是还原反应。红土镍矿是多种金属以氧化物或复杂氧化物存在的"共生铁矿"，这种多金属共生的红土矿在高炉、矿热炉冶炼过程中，金属氧化物的还原遵循氧化还原基本规律。炼钢采用氧气转炉，是利用氧气将铁水中的 C、Si、Mn、P 等杂质元素快速氧化，达到吹炼终点的要求；通过合金化，获得不同规格的钢水，它主要的化学反应是氧化反应。镍铁精炼和不锈钢的冶炼过程中，如何脱硅、脱磷、脱碳及"脱碳保铬"，也是遵循氧化还原基本规律的。

3.1.1 氧化转化温度

金属氧化物标准摩尔生成吉布斯自由能 $\Delta_r G_m^\ominus$ 与温度 T 的关系如图 3-1 所示。

由图得结论如下：

（1）$\Delta_r G_m^\ominus$ 对温度 T 的关系线位置越低，则该氧化物越稳定，就越难被还原。

（2）在某一温度下，几种元素同时和 O_2 相遇，则氧化顺序按 $\Delta_r G_m^\ominus$ 对 T 线位置的高低而定，位置低的优先被氧化。

（3）位置低的元素可以将较高位置的氧化物还原。

（4）CO 吉布斯自由能线的斜率和其他所有氧化物吉布斯自由能线的斜率不同。CO 线与其他氧化物线均有交点，理论上分析碳元素可以还原所有的金属氧化物，这就是为什么用碳作还原剂的主要原因。这个交点所对应的温度，就是 CO 线与之相交线元素的"氧化转化温度"。例如 CO 和 Cr_2O_3 两条吉布斯自由能线交点温度是 1247℃，在 Cr 和 C 同时与 O_2 相遇的条件下，当温度 $T<1247℃$ 时，Cr 先于 C 而被氧化；当温度 $T>1247℃$ 时，则 C 先于 Cr 而被氧化。所以从氧化方面来看，1247℃ 是 Cr、C 的氧化转化温度。

（5）CO 的吉布斯自由能线与 $T=800℃$ 线、$T=1800℃$ 线，三条线将图 3-1 分为三个区域：1）区域一，在生成 CO 的吉布斯自由能线之上的区域，元素 Ag、Hg、Pd、Cu、Pb、Cd、Ni、Co、Sn、P、Mo、As、Fe 的氧化物，在 $T=800\sim1800℃$ 的温度范围内都能被 C 还原。2）区域二，在生成 CO 的吉布斯自由能线之下的区域，元素 Al、U、Ba、Li、Mg、Ce、Be、Ca 的氧化物和 CO 相比都较稳定，在 $T=800\sim1800℃$ 的温度范围内都不能被 C 还原。3）区域三，生成 CO 的吉布斯自由能线和各氧化物的吉布斯自由能线有相交点的区

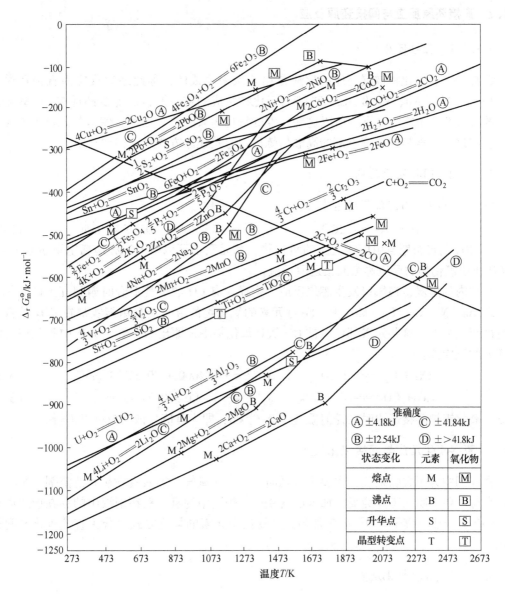

图 3-1 金属氧化物标准摩尔生成吉布斯自由能 $\Delta_r G_m^{\ominus}$ 与温度 T 的关系

域，元素有 W、K、Zn、Cr、Mn、Nb、V、B、Si、Ti。可见，生成两种元素的吉布斯自由能线相交点的温度，既是一种元素还原另一种元素氧化物的最低温度，又是两种元素的"氧化转化温度"。

可以看出（图 3-1），镍易于还原，且比铁优先还原。利用红土镍矿在高炉冶炼镍铁的过程中，金属被碳充分饱和，理论上镍可以全部还原进入铁水中，铁也全部被还原。因而高炉生产的镍铁较矿热炉镍铁含碳高、品位低且回收率高。在矿热炉冶炼镍铁的过程中，可采用缺碳操作的方法，使镍全部还原进到铁水中，而铁部分被还原，从而冶炼得到品位较高的镍铁。

3.1.2　直接还原反应与间接还原反应

3.1.2.1　直接还原反应

在高炉内，氧化物被碳还原的反应是由焦炭来完成的，称此还原反应为直接还原反应。如 Cr、Mn、Nb、V、B、Si、Ti 等的氧化物生成的吉布斯自由能线都远在 CO 氧化为 CO_2 的吉布斯自由能线之下，所以这些元素的氧化物只能被 C 还原，使这些元素进入镍铁水中，即这些元素是在高炉下部的高温熔炼区以直接还原方式进入镍铁水中。

3.1.2.2　间接还原反应

图 3-1 中 CO_2 的吉布斯自由能线：

$$2CO + O_2 === 2CO_2 \qquad \Delta_r G_m^{\ominus} = -133400 + 40.1T \text{ kJ/mol} \qquad (3-1)$$

在 CO_2 的吉布斯自由能线之上的氧化物，其元素都可以被 CO 从其氧化物还原出来。用 CO 还原氧化物的反应称为间接还原反应。

高炉内的焦炭，在风口发生燃烧反应，生成含有 CO 的炉气上升时遇到红土矿，其中的 Cu、As、Ni、Co、Sn、Mo、P、Fe 等元素的氧化物的吉布斯自由能线都在 CO_2 的吉布斯自由能线之上，这些元素都可以被 CO 从其氧化物中还原出来。红土镍矿中氧化镍被间接还原的反应式：

$$2Ni + O_2 === 2NiO \qquad \Delta_r G_m^{\ominus} = -114000 + 40.3T \text{ kJ/mol} \qquad (3-2)$$

$$NiO + CO === Ni + CO_2 \qquad \Delta_r G_m^{\ominus} = -19400 - 0.2T \text{ kJ/mol} \qquad (3-3)$$

可见，氧化镍被间接还原时在任何温度下 $\Delta_r G_m^{\ominus} < 0$，即为负值，该反应可以进行。

3.1.3　直接氧化反应与间接氧化反应

在炼钢中为了去除杂质，主要手段是向熔池吹入氧气、加入富铁矿和造渣剂。熔池中氧的来源主要是吹入工业纯氧、加入的富铁矿、炉气中的氧，氧在钢液中的存在形式以原子、FeO 分子或氧离子（O^{2-}）三种为主。铁液中元素的氧化方式也分为直接氧化与间接氧化。

3.1.3.1　直接氧化反应

直接氧化是指 O_2 或其他氧化性气体直接与铁液接触而产生的氧化反应。例如 Cr 被直接氧化的氧化反应是：

$$2Fe(l) + O_2 === 2FeO(l) \qquad (3-4)$$

$$2FeO(l) + 4/3[Cr] === 2/3Cr_2O_3(s) + 2Fe \qquad (3-5)$$

$$4/3[Cr] + O_2 === 2/3Cr_2O_3(s) \qquad (3-6)$$

以上反应式说明：当氧气直接遇到铁液时，如表面有 [Cr] 原子，虽同时有大量铁原子存在，但 [Cr] 优先于 Fe 被氧化，即 [Cr] 与 Fe 同时遇到氧，[Cr] 会优先被氧化。但如果当时 [Cr] 不在钢水表面，氧流作用区的氧首先与铁结合成 FeO，FeO 一旦遇到 [Cr]，又很快被还原，被夺去的氧与铬生成 Cr_2O_3，所以总的反应仍是 [Cr] 的直接氧化反应。

3.1.3.2 间接氧化反应

吹入熔池的气体氧分成三部分，氧分子分解并吸附在铁液表面，一部分吸附氧与铁液中其他元素反应 $[O]_{附} + [Me] = MeO$；另一部分吸附氧则进入金属；溶解于铁液中；由于熔池中的 Fe 原子数远大于其他元素的原子数，所以大部分氧首先与铁结合成 FeO。

溶解于铁液中的 $[O]$ 可完成间接氧化反应：

$$4/3Cr + 2[O] = 2/3Cr_2O_3(s) \tag{3-7}$$

FeO 将氧传递给金属，并氧化杂质起到了间接氧化的作用。例如在铁水与炉渣界面上，有炉渣的 (FeO) 完成的氧化反应：

$$4/3[Cr] + 2(FeO) = 2/3Cr_2O_3(s) + 2[Fe] \tag{3-8}$$

因氧化物都不是和 O_2 直接接触而进行的反应，所以以上两个反应式均是间接氧化反应。无论是用 O_2 直接氧化，还是用 $[O]$ 或 (FeO) 的间接氧化，只要参加反应的两种元素及氧化物的浓度不变，两种元素的氧化转化温度是一样的；即两种元素的氧化转化温度与氧存在的形式 O_2、$[O]$ 或 (FeO) 及氧的压力（浓度）无关，而只决定于两种氧化物及其氧化物产物的浓度（压力）。

3.1.4 镍铁还原反应

由吉布斯自由能图分析，镍易于还原，且比铁优先还原。利用红土镍矿在高炉中冶炼镍铁时，金属被碳充分饱和，理论上镍会全部还原进入铁水中，铁也全部被还原。

高炉中氧化镍和氧化铁被还原时，可能发生的化学反应有：

$$CO_2 + C = 2CO \tag{3-9}$$
$$NiO + C = Ni + CO \tag{3-10}$$
$$NiO + CO = Ni + CO_2 \tag{3-11}$$
$$3Fe_2O_3 + CO = 2Fe_3O_4 + CO_2 \tag{3-12}$$
$$Fe_3O_4 + CO = 3FeO + CO_2 \tag{3-13}$$
$$FeO + CO = Fe + CO_2 \tag{3-14}$$
$$3Fe_2O_3 + C = 2Fe_3O_4 + CO \tag{3-15}$$
$$Fe_3O_4 + C = 3FeO + CO \tag{3-16}$$
$$FeO + C = Fe + CO \tag{3-17}$$

式 (3-9) 表示固体碳和 CO_2 发生反应，吸收大量热能，生成 CO，进行碳的气化反应，产生的 CO 参与镍矿石的间接反应。将用 CO 间接还原镍、铁氧化物的平衡曲线与碳气化反应的平衡曲线画在一张图中，可得固体碳还原镍、铁氧化物的平衡图，如图 3-2 所示。

3.1.4.1 镍还原

碳的氧化物与氧化镍的标准摩尔生成吉布斯自由能如图 3-3 所示。从图中可以看出，温度 $T = 725K$ 是 NiO 被 C 还原的最低还原温度，即式 (3-10) 反应在此温度下开始进行。CO 氧化生成 CO_2 的 $\Delta_r G_m^{\ominus}$ 线在 NiO 的 $\Delta_r G_m^{\ominus}$ 线之下，即式 (3-11) 反应的 $\Delta_r G_m^{\ominus}$ 为负值，该反应极易发生。

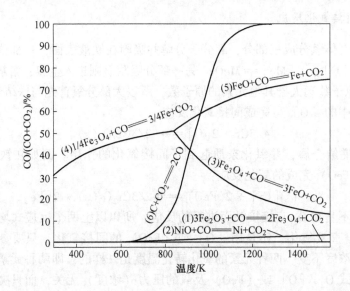

图 3-2 固体碳直接还原镍、铁氧化物的平衡气相组成与温度的关系

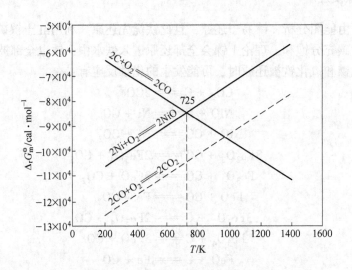

图 3-3 碳的氧化物与氧化镍的标准摩尔生成吉布斯自由能 $\Delta_r G_m^{\ominus}$

氧化镍的直接还原的反应为式 (3-10) 和式 (3-18)。

$$2NiO + C \Longrightarrow 2Ni + CO_2 \tag{3-18}$$

生成物 CO 与 CO_2 的相对比例取决于 C-CO-CO_2 体系的平衡。根据碳的气化反应式 (3-9) 及常压下 CO 的平衡浓度和温度的关系，当温度低于 1000℃ 时，碳的气化反应平衡成分中 CO、CO_2 共存，反应式 (3-10) 和式 (3-18) 同时存在，即 NiO 与碳反应生成 Ni、CO 和 CO_2。铁氧化物及硅酸盐等复杂化合物中氧化镍的还原可视为由复杂化合物离解和简单氧化物还原两个反应组成。

3.1.4.2　铁还原

铁氧化物的存在形式有 Fe_2O_3、Fe_3O_4、FeO 等，但在 $T<570℃$ 时，FeO 是不稳定的，会分解成 Fe_3O_4 和 Fe。这是由于 FeO 是一种缺位固溶体，以浮氏体（Fe_xO）形式存在，其含氧量是变化的（23.15%~25.60%），在某温度下其平衡气相成分也是可变的。为了方便起见，仍认为 FeO 是有固定成分的氧化物，其理论含氧量为 22.28%，而 Fe_3O_4、Fe_2O_3 分别为 27.64%、30.6%。因此，铁氧化物还原的顺序为：当 $T<570℃$ 时，$Fe_2O_3 \rightarrow Fe_3O_4 \rightarrow Fe$；当 $T>570℃$ 时，$Fe_2O_3 \rightarrow Fe_3O_4 \rightarrow FeO \rightarrow Fe$。

根据逐级反应的原则，图 3-4 所示为还原铁氧化物平衡图。

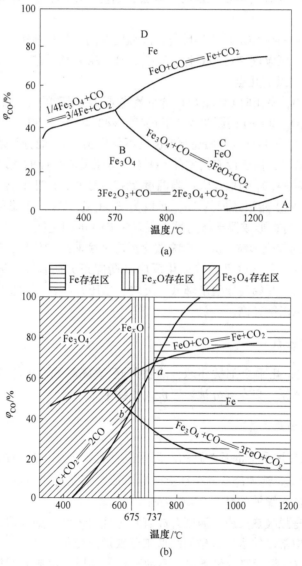

(a)

(b)

图 3-4　还原铁氧化物平衡图

（a）用 CO 还原铁氧化物平衡图；（b）用 C 直接还原铁氧化物平衡图

图 3-4 (a) 中分为四个区：A 区是 Fe_2O_3 稳定区，B 区是 Fe_3O_4 稳定区，C 区是 FeO 稳定区，D 区是 Fe 稳定区。

(1) A 区为 Fe_2O_3 稳定区，B 区为 Fe_3O_4 稳定区。$Fe_2O_3 \rightarrow Fe_3O_4$ 还原反应是在微量 CO 下进行的，反应不可逆。

(2) 在温度 $T < 570℃$ 时，D 区发生 $Fe_3O_4 \rightarrow Fe$ 还原反应，还原反应平衡曲线上部相应的 D 区为 Fe 稳定区。

(3) 在温度 $T = 570℃$ 时，$Fe_3O_4 \rightarrow FeO$ 还原反应平衡曲线在 570℃ 交叉，在交点处 Fe_3O_4、FeO 和 Fe 三相平衡共存，该点处气相组成为 50.7% 的 CO、49.3% 的 CO_2。因 $1/4Fe_3O_4 + CO == 3/4Fe + CO_2$ 是吸热反应，故温度升高，反应所需还原剂降低，相应的平衡曲线向下斜。在 C 区形成 FeO 稳定区，但随着温度、CO 含量的增加会发生浮氏体含氧量的减少。

(4) $FeO + CO == Fe + CO_2$ 是放热反应，故温度升高，反应所需还原剂增高，相应的平衡曲线向上斜。在 D 区温度 $T > 570℃$ 时，发生 $FeO \rightarrow Fe$ 还原反应。

由图 3-4 (b) 知以下几点：

(1) 反应体系中，平衡时 CO 和 CO_2 含量最终都取决于碳的气化反应。而碳的气化反应平衡曲线分别与 Fe_3O_4 和 FeO 还原曲线交于 675℃ (42.4%CO) 和 737℃ (60%CO)，因此，当碳量过剩时，Fe_3O_4 和 FeO 的开始还原温度已不再是 570℃，而分别是 675℃ 和 737℃。

当温度 $T < 675℃$ 时，由于没有足够的 CO（在还原反应平衡曲线之下），Fe_3O_4 不能被还原为 FeO，所以为 Fe_3O_4 的稳定区；当温度 $T > 737℃$ 时，由于有足够的 CO（在还原反应平衡曲线之上），FeO 能被还原为 Fe，所以为 Fe 的稳定区；当温度在 675~737℃ 之间时，由于 CO 始终保持在形成浮氏体的量，所以为 FeO 的稳定区。

(2) 压力对碳的气化影响很大，影响碳化反应平衡曲线的位置，进而影响碳还原各级铁氧化物的开始温度。总压降低，碳气化反应平衡向正方向移动，因此气化反应曲线左移，使铁稳定性扩大，开始还原温度降低；反之，总压升高，气化反应曲线右移，使铁稳定性缩小，开始还原温度升高。

3.1.5 其他元素的还原

在高炉内 Cu、Ni 几乎全部被还原，除铁外还有 Mn、Si、P 等其他元素的还原，而 Mn、Si、V 等较难还原，只有部分被还原进入镍铁中。

3.1.5.1 硅的还原

高炉内 SiO_2 只在炉子下部及炉缸的高温区进行直接还原，这是由于 SiO_2 的分解压小于 FeO 和 CO_2 分解压。绝大部分硅在红土矿脉石或焦炭灰分中，以 SiO_2 或硅酸盐的形式进入高炉内，通常进入镍铁的硅有 0.4%~3%。

因硅还原反应是强吸热反应，温度升高有利于硅的还原。如果镍铁中含硅量越高说明炉温也越高，生产中常以铁水中含硅的高低来反映炉温变化。

铁水中 C、P、Cu 等元素含量增加，不利于硅的还原。熔渣碱度提高也不利于硅的还原。因此，在实际生产中要促进硅还原，就要采取"高温、低碱度"操作；要抑制硅还原，则要采取"高碱度"操作。

3.1.5.2 锰的还原

红土镍矿中都带有少量的锰，通常锰会还原进入镍铁中，达 1% 左右。在 Cr-Mn-Ni 系奥氏体不锈钢中锰是有用合金。

锰的氧化物是逐级还原的，高价氧化物 MnO_2、Mn_2O_3 和 Mn_3O_4 等较易被 CO 还原成 MnO，MnO 分解压比 FeO 小得多，很稳定，不能被间接还原，一般在炉缸高温部位被固体碳直接还原。锰氧化物的直接还原反应为吸热反应，温度升高有利于锰的还原。铁水中 C、P、S 等元素含量增加，也有利于锰的还原。熔渣碱度提高也利于锰的还原，在实际生产中要促进锰还原，常采取"高温、高碱度"操作。

3.1.5.3 磷的还原

磷是化学性质很活泼的元素，自然界中不存在游离态的磷。炼铁高炉炉料中，磷主要以磷酸钙（$3CaO \cdot P_2O_5$）、磷酸铁（$3FeO \cdot P_2O_5 \cdot 8H_2O$）形态存在。在高炉冶炼的条件下，磷几乎全部被还原而进入铁水中。虽然红土镍矿中含磷量较低，但不锈钢对低磷的要求很严格，同时在不锈钢的冶炼工艺过程 AOD 中脱磷较难，因此，在高炉操作中采用控制原料中磷量的方法，以控制铁水中的磷含量。

3.1.5.4 铬的还原

铬和铬的氧化物 CrO_3、CrO 都是碱性氧化物，常温下不稳定，在空气中被氧化成 Cr_2O_3。CrO_3 是暗红色针状晶体，热稳定性差，易潮解，有毒，超过熔点开始分解，并释放出 O_2。CrO_3 是强氧化剂，遇到有机物易引起燃烧或爆炸。Cr_2O_3 是两性氧化物，是绿色晶体不溶于水。铬氧化物中 Cr_2O_3 最稳定，不溶于酸、碱、盐及各种溶剂，自然界中几乎全部都呈 Cr_2O_3 存在。Cr_2O_3 具有优异的耐介质浸渍腐蚀性能，涂层具有极好的亲水性能，在涂层表面形成一层均匀的水膜。

氧化铬的还原按下列反应进行：

$$2/3Cr_2O_3 + 18/7C \Longrightarrow 4/21Cr_7C_3 + 2CO \qquad \Delta_r G_m^{\ominus} = 121986 - 87.61T \text{ J/mol}$$

(3-19)

开始还原温度：$T_{开始} = 1119℃$；

$$Cr_2O_3 + 3C \Longrightarrow 2Cr + 3CO \qquad \Delta_r G_m^{\ominus} = 788130 - 524.79T \text{ J/mol}$$

(3-20)

开始还原温度：$T_{开始} = 1229℃$。

3.1.5.5 硅酸铁的还原

烧结矿中，一些主要氧化物是以复杂氧化物或复杂化合物存在的。如 Fe_2SiO_4、Mn_2SiO_4、$3CaO \cdot P_2O_5$、$3FeO \cdot P_2O_5$、$2FeO \cdot TiO_2$ 等高炉内的硅酸铁主要来自高 FeO 的烧结矿，在高炉冶炼过程中由于还原的 FeO 与 SiO_2 作用也生成一部分硅酸铁。硅酸铁（$2FeO \cdot SiO_2$）难还原，除其结构复杂外，还因其组织致密、气孔率低、内扩散阻力大，不利于还原气体和气体产物的扩散。同时硅酸铁熔点低，只需要 1150~1250℃，流动性好，一经熔化便迅速滴入炉缸。由于未经充分加热，带入炉缸的热量较少，又由于未能充分还原，而到炉缸内进行直接还原，需要消耗大量的热量，使炉缸的温度降低，甚至造成炉凉。

当高炉中加入 CaO 时，它可把硅酸铁中的 FeO 置换成自由状态并放出热量，因而有利于硅酸铁的还原。特别是 CO 在不同温度下还原硅酸铁时，有无 CaO 存在还原度是有差别的。可见，促进硅酸铁还原的条件是提高炉渣碱度，保证足够的 CaO 量，同时要提高炉缸温度，保证足够的需热量。然而，这些都要引起燃料消耗的增加，因此最好的措施是采用高碱度、高还原性、低 FeO 的烧结矿，尽量减少硅酸铁入炉。

3.2　烧　　结

3.2.1　烧结矿生产工艺及设备

由于红土镍矿粒度过细，必须经过人工造块，达到一定粒度后才能进行高炉冶炼。人造块矿的生产方法较多，主要的方法有烧结法、球团法。目前红土镍矿高炉冶炼应用最广泛的是烧结法。烧结法是将矿粉、熔剂、燃料（焦粉、煤粉）、返矿及其他含镍（镍铁）原料按一定比例配合后，经混合机混匀、加水湿润造球，将混好的料在烧结机布料、点火，借助炉料氧化产生的高温，使烧结料水分蒸发并发生一系列物理化学反应，部分混合料颗粒表面发生软化和熔化，产生部分液相黏结，冷却后成块，再经破碎和筛分，这个过程称为烧结，最终得到的块矿就是烧结矿。

目前生铁生产和镍铁生产都普遍使用抽风法带式烧结。此外，在一些小高炉镍铁生产中也采用环式烧结、箱式烧结和立窑烧结。抽风法带式烧结的一般工艺流程如图 3-5 所示。

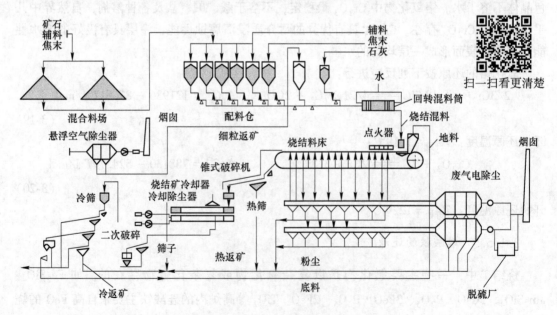

图 3-5　烧结（抽风法）的一般工艺流程

由于红土镍矿含吸附水 35% 左右，通常将石灰粉按一定比例拌入其中，主要目的是为了适度提高镍矿碱度和吸收水分、打散泥矿等。红土镍矿烧结生产工艺流程如下：

（1）拌石灰粉：镍矿到原料场后，直接将石灰粉拌入镍矿中，拌入比例视原矿成分及烧结矿的碱度而定。

（2）镍矿分筛：将混合镍矿（含矿泥、块矿、石灰块）初步筛选后，筛下粉矿进入烧结配料仓，筛上块矿经破碎后运抵高炉。

（3）烧结配料：根据烧结实际生产情况将高炉返矿、烧结返矿、镍矿粉矿、焦、无烟煤或精洗煤、石灰经配料室按比例配料后，送入一、二混合料筒，混匀、加湿、造球。混合好的料由布料器铺到烧结机台车上，进行点火烧结。

（4）烧结：烧结矿经冷却、破碎和筛分，得到成品经皮带直接送入高炉料仓以备高炉使用，筛下物作为返矿或垫底料。

目前烧结使用的烧结机主要是带式烧结机，其设备组成如图 3-6 所示。

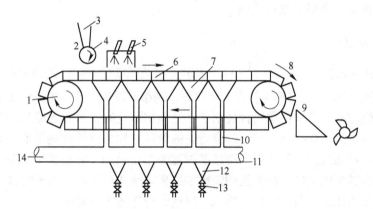

图 3-6　带式烧结机设备

扫一扫看更清楚

1—主动大星轮；2—装料部分；3—给料漏斗；4—滚动布料器；5—点火器；6—台车；7—风箱；
8—排矿部分；9—破碎机；10—抽风支管；11—大烟道；12—灰箱；13—阀门；14—抽风主管道

3.2.2　烧结矿质量

烧结矿按其成品是否经过冷却，分为冷矿与热矿。烧结矿质量对高炉冶炼有很大影响。对烧结矿质量的要求是：品位高，强度好，成分稳定，还原性好，粒度均匀，粉末少，碱度适宜，有害杂质少。

3.2.2.1　强度和粒度

烧结矿强度好、粒度均匀可减少转运过程和炉内产生粉末，改善高炉料柱透气性，保证炉况顺行，从而导致焦比降低，产量提高。烧结矿强度提高意味着烧结机产量（成品率）增加，同时大大减少了粉尘，改善烧结和炼铁厂的环境，改善设备工作条件，延长设备寿命。

生产中常用标准转鼓法来确定烧结矿强度。取粒度 25~150mm 的烧结矿试样 20kg，放入转鼓中，转鼓转速 25r/min，旋转 4min。然后用 5mm 的方孔筛往复摆动 10 次进行筛分，取其中大于 5mm 的质量百分数作为烧结矿的转鼓指数。

$$转鼓指数 = \frac{20 - A}{20} \times 100\%$$

式中　　A——试样中小于 5mm 部分的质量，kg。

　　显然转鼓指数越大，烧结矿强度越好。一般要求烧结矿的转鼓指数大于 75%。

3.2.2.2　还原性

　　烧结矿还原性好，有利于强化冶炼并相应减少还原剂消耗，从而降低焦比。还原性的测定和表示方法也未标准化。生产上常用烧结矿中的 FeO 含量高低来评价烧结矿还原性的好坏。游离的 FeO 易还原，但烧结矿中的 FeO 不是以游离状态存在，而都是与 SiO_2、CaO、Fe_3O_4 等生成化合物或固溶体，如硅酸铁（$2FeO \cdot SiO_2$）、浮氏体（Fe_3O_4 和 FeO 的固溶体）、铁橄榄石等，烧结矿过熔会变得结构致密、气孔率低，故还原性差。因此，FeO 含量越高，生成这些物质就越多，还原性能就越差；反之，若 FeO 含量降低，则还原性好。一般要求 FeO 含量应低于 10%。

3.2.2.3　碱度

　　烧结矿碱度一般用 $w(CaO)/w(SiO_2)$ 表示，按照碱度的不同，烧结矿可分为三类。通常高炉渣的碱度 $w(CaO)/w(SiO_2)$ 为 1.0 左右。烧结矿碱度小于 1.0，低于炉渣碱度的称为酸性或普通烧结矿，高炉使用这种烧结矿，还须加适量的石灰石才能达到预定炉渣碱度要求。烧结矿碱度为 1.0~1.5，等于或接近炉渣碱度的称为自熔性烧结矿，高炉使用自熔性烧结矿一般可不加或少加石灰石。烧结矿碱度为 2.0~4.0，明显高于炉渣碱度的称为熔剂性烧结矿或高碱度烧结矿。高炉使用这种烧结矿无须加石灰石，由于它含 CaO 高，可起熔剂作用，因此往往要与酸性矿配合冶炼，以达到合适的炉渣碱度。

　　为了改善炉渣的流动性和稳定性，烧结矿中常含有一定量的 MgO（2%~3% 或更高），最终使渣中 MgO 含量达到 7%~8% 或更高，可促进高炉顺行。在此情况下，烧结矿和炉渣的碱度应按 $w(CaO + MgO)/w(SiO_2)$ 来考虑。

　　红土镍矿烧结矿碱度（$w(CaO)/w(SiO_2)$）不高，冶炼含 4%~6% Ni 的镍铁的烧结矿碱度一般为 0.7~0.8，冶炼含 1%~2% Ni 的镍铁碱度一般为 1.2~1.7。

　　红土镍矿的烧结矿成矿机理与铁矿石烧结矿成矿机理相似。但在红土镍矿的烧结中，碱度较低，烧结矿含铁、镍品位低（如 $w(Ni) + w(Fe) \approx 21\% \sim 23\%$），液相太少，黏结不够，烧结矿强度不好，这也是不能用大高炉冶炼镍铁的重要原因之一。

3.3　高炉冶炼过程及特点

　　在高炉中，利用红土镍矿冶炼镍铁同冶炼铁的过程基本相同。炉料按一定料批从炉顶装入炉内，从风口鼓入 1000~1300℃ 的热风，焦炭在风口前燃烧带与氧燃烧，产生还原气体和热量，在炉内上升过程中加热缓慢下降的炉料，并还原矿石中的镍、铁等。金属、矿石升到一定温度后软化，熔融滴落，矿石中未被还原的物质形成炉渣，实现炉渣与铁水分离。已熔化的渣铁聚集在炉缸内，根据渣铁的密度差异，定期从渣口和铁口排放渣、铁，使镍铁从红土矿中分离。在炉内燃烧产生的还原气体和热量，在上升过程中，不断与炉料进行热交换和还原反应，最终形成高炉煤气（成分：CO 22%、CO_2 2%、H_2 5%、N_2 51%）从炉顶排出。

高炉的整个冶炼过程取决于风口前焦炭的燃烧，上升煤气流与下降炉料间的一系列物理化学变化，如传热、传质、干燥、蒸发、挥发、分解、还原、软熔、造渣、渗碳和脱硫等，如图3-7所示。高炉冶炼是在密闭的容器中进行的，是在高温高压下连续的自动化生产过程。

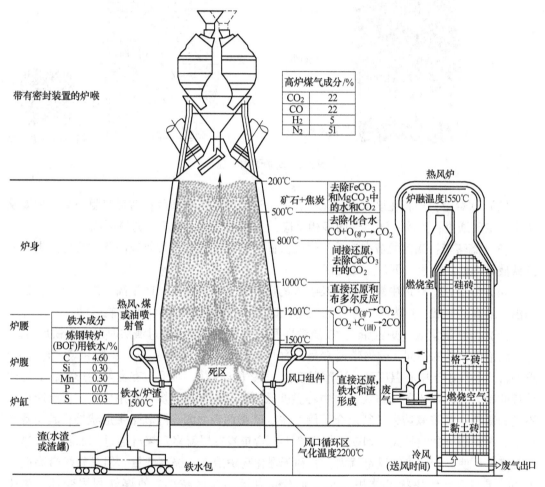

高炉煤气成分/%	
CO_2	22
CO	22
H_2	5
N_2	51

铁水成分	
炼钢转炉(BOF)用铁水/%	
C	4.60
Si	0.30
Mn	0.30
P	0.07
S	0.03

图 3-7　高炉和热风炉断面图、炉内主导温度和主要化学反应

3.3.1 高炉内各区域反应状况

将正在运行中的高炉突然停炉并进行解剖分析，发现炉料下降过程分布是呈层状的，直至下部熔化区域，但炉料中焦炭在燃烧前始终处于固体状态而不软化熔化。根据物料存在形态的不同，可将高炉划分为五个区域：块状带、软熔带、滴落带、回旋区、渣铁聚集区（炉缸带），如图3-8所示。各区内进行的主要反应及特征如下所述。

（1）块状带：炉料中水分蒸发及受热分解，铁矿石间接还原，炉料与煤气热交换，焦炭与矿石层状交替分布，呈固体状态；以气固相反应为主。

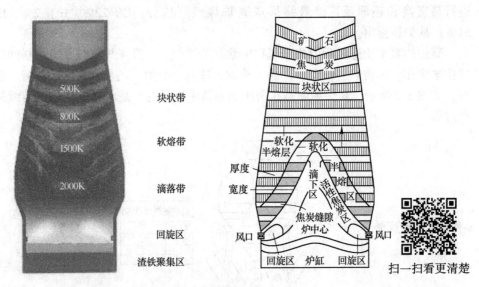

图 3-8　高炉炉内状况

（2）软熔带：炉料在该区域软化，在下部边界开始熔融滴落；对煤气阻力大，主要从焦炭层空间通过；为固、液、气间多相反应，主要进行还原反应，初渣形成。

（3）滴落带：滴落的液态渣铁与煤气及固体碳之间进行多种复杂的化学反应。夹杂着渣铁液滴的松动，焦炭下降至回旋区。

（4）回旋区：热风中氧与焦炭及喷入的燃料发生燃烧反应，产生高热煤气上升，是炉内温度最高的区域、炉内唯一存在的氧化性区域。在该区域内焦炭做回旋运动。

（5）渣铁聚集区（炉缸带）：在渣铁层间的交界面及铁滴穿过渣层时发生渣铁反应。

因冶炼条件的不同，软熔带通常呈三种可能的形状，即倒 V 形、V 形和 W 形。倒 V 形的特点是：由于中心温度高，边部温度低，煤气利用好，对反应有良好的影响；V 形软熔带的特点与倒 V 形的正好相反，中心温度低，边部温度高，煤气利用变坏，对反应也有不良的影响；W 形软熔带的特点介于倒 V 形、V 形两者之间，除软熔带形状外，其位置及尺寸对高炉顺行影响很大。如软熔带高度大，含焦炭夹层就多，煤气通过的面积大，透气性就好，可使高炉接受的风量就大，有利于强化高炉冶炼，提高产量。但是软熔带高度增大的结果，会导致块状带体积减小，矿石间直接还原区减小，使煤气利用变坏、焦比升高。

高炉冶炼红土镍矿时，其软熔带位置会发生变化。由于红土镍矿的成分与造渣制度，用高炉冶炼的软熔带位置不同于现代炼铁工艺，软熔带位置更可能偏上，恶化上部炉料透气性，解决的办法是通过更多的焦炭来保证冶炼过程的透气性。现代高炉炼铁焦比为 380~450kg/t，而红土镍矿冶炼过程焦比为 550~800kg/t（镍铁含镍 1.5% 左右），对于铁品位更低的红土镍矿，焦比为 1.2~1.6t/t（镍铁含镍 5% 左右）。

3.3.2　燃烧带与回旋区

在现代强化高炉中，由于冶炼强度高，鼓风动能大，使鼓风以很高的速度（100~

200m/s）喷射入炉内，又由于鼓风流股的冲击挟带作用，焦炭块就在风口前产生回旋运动，同时进行燃烧，这就是焦炭呈回旋运动燃烧，也称为焦炭的循环运动燃烧，如图 3-9 所示。实际上，现代的高炉正常生产时，均为此种燃烧情况。

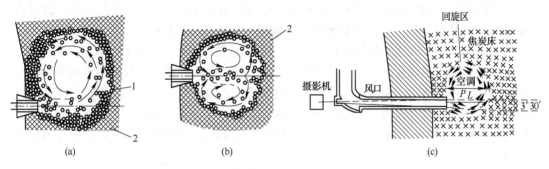

图 3-9 风口回旋区焦炭回旋运动示意图
（a）垂直剖面；（b）水平截面；（c）摄影机视图
1—气流中心线；2—焦炭的中间层

当鼓风动能足够大时，就把风口前燃烧的焦炭吹向四周，形成一个近似球形的回旋空间。煤气流夹着焦炭块做回旋运动的这个空间称为回旋区。在回旋区外围是一层厚 200～300mm 的比较疏松的中间层，它不断地向回旋区补充焦炭。而在中间层的外面，则是不太活跃的新的焦炭层，该层随着燃烧反应的进行不断地向中间层移动。

风口前焦炭燃烧的区域称为燃烧带，它由氧化区和还原区两部分区域组成，并以 CO_2 的消失作为燃烧带的界线标志。有氧存在的区域主要发生的反应是 $C+O_2 \Longrightarrow CO_2$，故称此区域为氧化区。氧消失，$CO_2$ 出现峰值后，有 $C+CO_2 \Longrightarrow 2CO$ 的反应发生，此区域称为还原区。

经对炉缸风口水平煤气成分和温度的变化研究证明，炉缸燃烧反应过程是逐渐完成的。在风口前，沿炉缸半径的不同位置上，由于燃烧条件不同，生成的煤气成分各异，如图 3-10 所示。

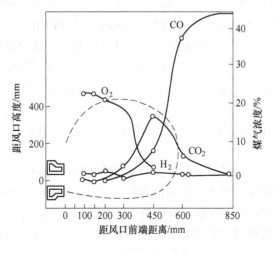

图 3-10 炉缸煤气成分变化

扫一扫看更清楚

（1）O_2 与 CO_2。风口前 O_2 充足，与 C 激烈燃烧生成大量 CO_2；O_2 激烈降低直至消失，CO_2 迅速升高达到最大值，即发生碳的完全燃烧反应。

（2）CO_2 与 CO。CO_2 达最大值后，逐渐降低；已出现的 CO 则迅速升高，在燃烧带边缘，CO 接近达到理论值 34.7%，而在炉缸中心则高达 40%~50%，甚至更高。这是由于除发生了碳的气化反应外，直接还原反应也产生大量 CO 的结果。

（3）O_2 与 H_2。在通常鼓风条件下，O_2 消失后，鼓风中的水蒸气开始被 C 分解成 H_2。另外，CO_2 含量与温度分布，风口前随着 C 的激烈燃烧，CO_2 升高，温度也逐渐升高。当 CO_2 含量达到最大值时，温度也达最高点。这是高炉内温度最高处，成为燃烧焦点。根据压力条件的不同，焦点温度变动在 1900~2200℃ 范围内，随着向炉缸中心深入，CO_2 消失 CO 大量生成，直接还原热量消耗的增加，温度逐渐降低。一般风口水平炉缸中心温度约为 1400℃。

燃烧带大小及其分布，对煤气流在炉缸内初始分布和炉料下降状况有很大的影响。燃烧带和回旋区既然是一个空间，就有长、宽、高三个方向的尺寸。沿风口中心线两侧为宽，向上为高，径向为长。显然，燃烧带的长度是回旋区与中间层长度之和。可见，燃烧带和回旋区是相互联系而又有区别的两个概念。

燃烧带的大小可按 CO_2 消失的位置来确定，但是当 CO_2 降低到 2% 左右时，往往延续相当长的距离才消失。因此，实践中以 CO_2 降低到 1%~2% 的位置，来确定燃烧带的尺寸。

在喷吹燃料或大量加湿的情况下，产生较多的水蒸气。H_2O 同 CO_2 一样，也起着把 O_2 搬到炉缸深处的作用，此时还应参考 H_2O 的影响（也按 1%~2% H_2O）来确定燃烧带。

燃烧带是高炉煤气的发源地。燃烧带的大小和分布决定着炉缸煤气的初始（即一次）分布，也在很大程度上决定或影响着煤气流在高炉内的二次分布（软熔带）和三次分布（炉喉），煤气分布合理，则其能量利用充分，高炉顺行。在冶炼条件一定的情况下，一般扩大燃烧带，可使炉缸截面煤气分布较为均匀，有较多的煤气到达炉缸中心和相邻风口之间，有利于炉缸工作均匀化但燃烧带过长，则炉缸中心气流过分发展，产生中心"过吹"；若燃烧带过短而向两侧发展，则造成中心堆积，边缘气流过分发展。这两种情况都使煤气能量不能充分利用，又使炉衬过分冲刷，高炉寿命降低，燃烧带向炉缸中心伸长，可发展中心气流，使炉缸中心温度升高。燃烧带缩短而向两侧扩展，发展边缘气流，使炉缸周围温度升高。对大型高炉，炉缸直径大，风口数目已定，首要的问题是发展、吹透中心；否则中心"死料柱"过大，易产生中心堆积。总之，生产中希望燃烧带沿高炉圆周分布均匀，在半径的方向大小适当。通过调节鼓风动能、炉料分布和燃烧反应速度以适当调节燃烧带大小，可保证炉缸工作的均匀化，避免边缘或中心堆积，从而保证生铁质量和高炉顺行。

影响燃烧带大小的各种因素很多，这些因素可归纳为鼓风动能、燃烧反应速度和理论分布状况等三方面。一般说来，燃烧反应速度越快，燃烧反应便可在较小的空间内完成，因而燃烧带缩小；反之，则扩大。在现代高炉条件下，燃烧反应速度已不是限制环节，焦炭（喷吹燃料）的燃烧性对燃烧带影响不大，而炉料分布的影响主要表现为：炉缸中心堆积、中心料柱紧密时，燃烧带缩短；炉缸中心活跃、中心料柱疏松时，燃烧带伸长。

鼓风动能是指鼓风克服风口区的各种阻力向炉缸中心穿透的能力。高炉容积越大，炉

缸直径 (d) 越大，为了保证炉缸工作均匀活跃，要求相应有更大的鼓风动能，即 $E \propto d$ （炉缸直径）。同一座高炉，冶炼强度低、原料条件差时，应采用较大的鼓风动能，以防止中心堆积。冶炼强度高、原料条件好时，应采用较小的鼓风动能，以防止中心过吹。影响鼓风动能的主要因素有风量、风温、风压、风速和风口截面积等。

（1）风量 Q 的影响。因 $E \propto Q$，风量增加，鼓风动能显著增加，这种机械力的作用迫使回旋区和燃烧带扩大，特别是向中心延伸。另外，化学因素也在起作用，即风量增加，要求相应扩大燃烧反应空间，从而使燃烧带在各方向都扩大。

（2）风温 T 的影响。因 $E \propto T^2$，提高风温，鼓风体积膨胀，动能增加，燃烧带扩大。风温升高，燃烧反应加速，相应只需较小的反应空间，因而燃烧带缩小。最终结果，燃烧带是扩大还是缩小要看矛盾双方在具体条件下谁占优势而定。

（3）风压 p 的影响。因 $E \propto p^{-2}$，风压升高，动能减小，燃烧带缩短。采用高压操作时，由于炉顶压力提高，风压相应升高，鼓风体积压缩，鼓风密度增大，则鼓风动能增加；由于鼓风体积减小，风速降低，故动能减小，燃烧带缩短。所以高压操作时如不注意调剂，会导致边缘气流的发展。如果风压的升高是由增加风量所引起，则 E 不是降低，而是增加，因 $E \propto Q$。

由以上分析可见，在鼓风参数中，风量对动能的影响最大。

（4）风口截面积 f。$E \propto f^{-2}$，风量一定，扩大风口直径，风口截面 f 增加，风速降低，动能减小，燃烧带缩短并向两侧扩散，有利于抑制中心而发展边缘气流；反之，采用小风口，则风速提高，动能增加，燃烧带变得狭长，有利于抑制边缘而发展中心气流。除风口直径外，还有风口长度（凸入炉缸内壁的长度）和角度对燃烧带也有影响。风口凸入炉缸内壁越长，则燃烧带向炉缸中心延伸；反之，则燃烧带缩短。一般风口为水平，若使用斜风口（与水平成一定角度），则使燃烧带相对缩短，而且位置下移，有利于提高炉缸渣、铁温度，这在小高炉上经常采用。

可见，改变风口尺寸（截面、长短、倾角），调整鼓风动能，是控制燃烧带的一个重要手段，也是高炉下部调剂的重要内容之一。在喷吹燃料条件下，鼓风动能除与上述因素有关外，还与喷吹燃料情况有关。高炉喷吹燃料后，鼓风动能明显增大，因而燃烧带扩大。这是因为炉料从直吹管喷入时，有一部分燃料在风口内即可燃烧，产生煤气，使气体体积增加，因而动能增加。

（5）软熔带。软熔带的位置和结构形状影响煤气流运动的阻力与煤气流分布。软熔带位置的高低，对高炉冶炼的影响是：顶点位置较高的"∧"形软熔带由于增加了软熔带中的焦炭数目，减小煤气阻力，有利于强化冶炼；软熔带位置较低，则由于焦炭数目减少，煤气阻力增加，不利于强化，但扩大了块状带间接还原区，有利于提高煤气利用率。

软熔带宽度和软熔层厚度对煤气阻力的影响是：当软熔带宽度增加时，由于煤气通过软熔带的横向通道加长，使煤气阻力增加；而软熔带厚度增加意味着矿石批重加大，虽然焦炭厚度相应增加使煤气通道的阻力减小，但焦炭数目减少，并且由于扩大矿批后块状带中分布到中心部分的矿石增加，煤气阻力呈增加趋势，从而使总的煤气阻力和总压差可能升高，不利于强化和高炉顺行。只有适当的焦、矿层厚度才能达到总阻力最小，这个适宜的厚度是因冶炼条件不同而异，需通过实践摸索。

　　滴落带是已经熔化成液体的渣铁在焦炭缝隙中滴状下落的区域。在这里，煤气运动的阻力，受固体焦炭块和熔融渣铁两方面的影响：一方面，焦炭粒度均匀、高温机械强度好、粉末少，炉缸充填床内的孔隙度大，煤气阻力小；另一方面，焦炭反应性好说明气化反应易于进行，这意味着焦炭在高温容易破裂，增加煤气阻力。因此，从高炉冶炼的角度看，希望焦炭的反应性差一些为好。

3.3.3　炉料与煤气运动

　　高炉内存在着两个相向运动的物质流：自上而下的炉料流和自下而上的煤气流。高炉内许多反应都是在炉料和煤气不断地相向运动条件下进行的，炉料和煤气的运动是高炉炉况是否顺行和冶炼强化的决定性因素。因此，稳定炉料和煤气的运动并使之合理地进行，常常是生产中保证获得良好冶炼的重要途径。

　　高炉内在高温下的各种变化和反应是极其复杂的，存在着固、气、液三相物质流的上下运动。高炉内三相物质流动的情况如图 3-11 所示。

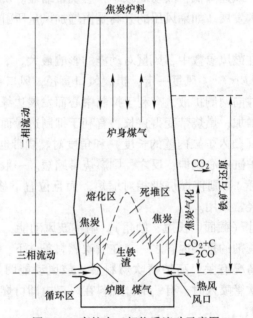

扫一扫看更清楚

图 3-11　高炉内三相物质流动示意图

　　从风口前焦炭燃烧产生的煤气流向上高速运动，从炉顶加入的固体炉料流在软熔带以上缓慢向下运动；从软熔带开始有液相渣铁生成，熔化到具有一定的流动性时向下滴落，进而穿过焦炭层流入炉缸，形成液体渣铁。换言之，在块状带有气、固两相的逆向运动，在滴落带有气、固和液三相的逆向运动。还原反应就在这种逆向运动状态下进行着，这种逆向运动是高炉冶炼区别于钢铁冶炼其他炉窑的最主要特点之一。

3.3.3.1　炉料运动

　　在高炉内由于受煤气浮力和摩擦力作用等原因，由炉顶装入的散状固体炉料缓慢向下移动，移动速度为 0.5~1.0mm/s，矿石在软熔带熔化成渣铁，焦炭在风口前仍保持固体状态，故炉腹下部和炉缸的料柱，几乎全由焦炭构成。

A 炉料运动

炉料运动（下降）的力学条件，取一炉料块 A 为隔离体进行某一时刻受力分析，A 受三个力作用，即重力 mg、煤气流压力 f_f 和摩擦力 f_m，由牛顿第二定律知：

$$\sum F = ma \tag{3-21}$$

$$\sum F = mg - f_f \pm f_m \tag{3-22}$$

式中　　$\sum F$——A 所受的合外力，N；

m——A 的质量，kg；

a——A 的加速度，m/s^2；

f_f——A 所受的煤气流压力，N；

f_m——A 所受的摩擦力，N。该力的方向与 A 的运动方向相反，当方向与重力相反时取"$-$"号。

当 $\sum F = 0$ 时，$a = 0$，炉料保持原运动状态，即三种可能：静止、匀速直线向下运动或向上运动。此时，高炉会出现难行或悬料。

当 $\sum F > 0$ 时，$a > 0$，炉料向下做加速运动，炉料能顺利下降。

当 $\sum F < 0$ 时，$a < 0$，炉料向上做加速运动，炉料被吹出。

在高炉内炉料的分布是不均匀的，高炉内煤气流沿径向分布是不均匀的，故沿高炉高度煤气的压降梯度也是不均匀的。空隙度大的料层，压降梯度小，软熔层或粉末聚集层压降梯度大，否则将破坏炉料下降条件。因此，为保证炉料顺行，下降速度均匀而稳定，首先要加强原料处理，提高炉料品位，均匀块度，使用熟料，减少熔剂量，增加焦炭负荷；其次要采用合理的操作制度。

B 炉料下降的必要条件

炉料能否下降在于是否满足下降的运动力学条件，但炉内如果没有足够的下降空间，即使是满足了炉料下降的运动力学条件也是办不到的。所以，炉料下降的必要条件是炉内应具有促使其不断下降的空间。

（1）焦炭的消耗腾出了空间。由于红土镍矿的冶炼焦比比较高，在含镍 5% 镍铁冶炼时，焦比为 1.6t/t 烧结矿，镍铁比 4t/t 左右。炉内焦炭占料柱总体积比例较大，焦炭的 75% 碳量在风口前燃烧气化，可提供一定的空间，焦炭的 15% 参加直接还原和渗碳消耗，在焦炭的下降过程中，腾出了空间。

（2）矿料的物理密排、相变及耗用腾出了空间。矿料在下降过程中，小颗粒镶入大颗粒孔隙，排列紧密。矿料受热由固态变成液态体积收缩，也为下料提供了一定的矿料空间，生成液态镍铁、渣排出炉外，产生部分空间，促使炉料下降。

C 冶炼周期及炉料下降速度

炉料在炉内的停留时间称为冶炼周期（T）。冶炼周期可根据高炉有效容积和生产 1t 生铁所消耗的炉料量计算。冶炼周期是评价冶炼强度的指标之一，冶炼周期越短，利用系数越高。高炉冶炼周期与高炉容积有关，小高炉料柱短，冶炼周期也较短。矮胖型大高炉易接受大风，料柱相对较短，故利用系数较高。炉料在高炉内的运动速度（v），通常用料柱高度（H 为从风口中心至料面高度）和冶炼周期的比值，关系式为 $v=H/T$。对大中型高炉料速为 5~6m/h，小型高炉料速约为 3m/h，此料速仅为平均料速，实际上高炉内的炉料运动是极其复杂的。料速是不均匀的，它与炉料性能、燃烧带位置、煤气流分布和压差等因素有关。

3.3.3.2　煤气运动

风口前焦炭燃烧产生高温还原性煤气，为高炉冶炼提供了热能和化学能。下面要讨论三个方面的问题：高炉煤气在鼓风压力推动下，形成自下而上穿过料层的运动，运动时以对流、传导、辐射等方式将热量传给炉料，同时进行着传质，使煤气在上升过程中，体积、成分和温度发生了重大变化；煤气流上升时，受到来自炉料和炉墙的摩擦阻力，使煤气流压力逐渐降低，产生压力降（Δp）；煤气流在固体散料层和有液相存在时的运动状况。

A　煤气上升过程中的变化

煤气上升过程中与炉料发生了一系列的物理化学反应，使煤气的体积、成分和温度发生了重大变化。

a　煤气温度的变化

热煤气上升的过程中，经热交换后把热量传给炉料，本身温度下降。沿高炉截面上，煤气温度分布是不均匀的，它主要取决于煤气分布。一般中心和边缘气流较多发展，煤气温度也较高。沿高炉高度由下向上煤气温度是逐渐降低的，且温降很大，炉缸煤气在几秒钟内就可以上升到炉顶，温度会从 1800℃ 左右降至 200~300℃，如图 3-12 所示。

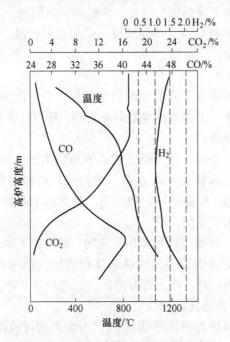

图 3-12　沿高炉高度煤气和温度的分布

可见，高炉的热交换条件优于其他冶金炉，热效率可高达 78%~86%。煤气热能利用的好坏常用炉顶煤气温度及煤气中 CO_2 含量来表示。炉顶煤气温度低，煤气中 CO_2 含量高，则表明热能利用好。

b 煤气成分和体积的变化

高炉煤气主要成分为：CO、CO_2、N_2、H_2、CH_4 等，其中可燃成分 CO 含量占 25% 左右，H_2、CH_4 的含量很少，CO_2、N_2 的含量分别占 15%、55%，热值仅为 3500kJ/m³ 左右。煤气在上升的过程中与炉料发生了各种化学反应，使其体积和成分沿高炉高度发生变化。

CO 的变化：风口前生成的煤气，在其上升过程的初期吸收直接还原产生的 CO，但到了中温区，由于大量间接还原消耗了 CO，所以 CO 含量是先增后减。煤气升到炉顶，炉顶煤气 CO 含量为 25%～30%。

CO_2 的变化：CO_2 在高温时不稳定，所以在炉缸、炉腹高温区几乎为零。从中温区开始，由于成分与温度变化，间接还原和碳酸盐分解，才使其含量逐渐增多。炉顶煤气 CO_2 含量为 12%～16%。

H_2 的变化：H_2 在上升过程中有 1/3～1/2 参加间接还原。炉顶煤气含 H_2 为 1%～2%，喷吹燃料时略高些。

N_2 的变化：煤气上升过程中，N_2 不参加任何反应，体积基本不变。只有煤气总量增加时，其浓度才相对降低些。

煤气的总体积自下而上有所增加。通常鼓风时，炉缸煤气量（指体积而言）约为风量的 1.21 倍；而炉顶煤气量约为风量的 1.35 倍。喷吹燃料时，炉缸煤气量约为风量的 1.30 倍；而炉顶煤气量约为风量的 1.45 倍。

B 煤气流穿过料柱的压力降（Δp）

$$\Delta p = p_缸 - p_喉 \approx p_热 - p_顶 \tag{3-23}$$

式中 $p_缸$——炉缸煤气压力，即风口前初始煤气压力，Pa；

$p_喉$——炉喉煤气压力，即从炉喉料面逸出的煤气压力，Pa；

$p_热$——热风压力，Pa；

$p_顶$——炉顶煤气压力，Pa。

实践中常用 $p_热$ 近似代表 $p_缸$，显然 $p_热 > p_缸$。用 $p_顶$ 代表 $p_喉$，一般 $p_顶 < p_喉$，煤气流就是在这个压差的作用下向上运动的。对炉料运动而言，压差是阻碍炉料下降的力；对煤气运动来说，则是为克服煤气流上升的阻力而造成的能量损失。

C 煤气流经固体散料层和有液相存在时的运动状况

a 煤气流在固体散料层的运动状态

高炉内煤气流穿过固体散料层的通道就像许多平行的、曲折的、断面形状变化的管束，因而产生能量损失，即阻力损失，这部分损失是由煤气流的压力降 Δp 来补充。

炉料对 Δp 影响主要是通过散料体的空隙度、散料颗粒的粒度及表面形状等起作用。颗粒度越小，空隙度越小，即使颗粒度不小，但粒度不均匀，粒度相差越大，其空隙度越小，煤气通过阻力越大。特别是 0～5mm 的粉末易堵塞孔隙，颗粒下限最好控制在 8mm 以上较为合适。按不同颗粒分级入炉，筛出粉末是提高孔隙度、减低阻力的有效措施。

煤气流速 v、温度、压力和黏度对 Δp 都有影响。通常在低流速阶段，Δp 正比于 v，随其增大而增大。当 v 增大到一定值时，炉料开始松动，散料体积开始膨胀，空隙度增大，散料颗粒重新排列，颗粒间发生摩擦而消耗部分能量使 Δp 有所上升，但当重新排列完成后，Δp 下降，此时空隙度最大。若进一步增大，颗粒间失去接触而悬浮，料层高度增加，Δp 几乎不变。若再使 v 增大而接近于流态化的速度时，气流会穿过料层形成局部通道而逸出即"管道行程"，使 Δp 下降。

炉温高时，煤气温度就高，使 v 变快，Δp 增大，这就是高炉加热时，热风压力上升的原因。提高炉顶压力，结果使炉内平均压力增加，煤气体积收缩，有利于顺行，这就是高炉采用高压操作的最基本道理。

高炉采用透气性指数评价料柱的透气性，即通过散料层的风量 G 与 Δp 之比 $G/\Delta p$ 来计算。在一定的条件下，$G/\Delta p$ 有一个适宜的范围表示高炉顺行，超过或低于这个范围，会引起炉况不顺，需及时调整。

b　煤气流经有液相存在部位时的运动状况

在高炉下部自软熔带开始有液相产生，固体焦炭空隙中有液体渣铁滴落穿过，使煤气通过的截面积变小。上升的煤气流要克服向下运动的焦炭层阻力、滴落渣铁的阻力和摩擦力，使气流通过料层压降梯度 $\Delta p/L$（L 为料层高度）与散料层比有所增加。当煤气流速超过一定值时，煤气浮力超过液体向下的重力，液体将滞留在焦炭层内而不能下流，严重时会产生液泛。一旦液泛，渣铁被煤气反吹到上部低温区，黏度增加，堵塞料柱的空隙，使压降梯度剧增，导致难行和悬料，高炉顺行被破坏。

为改善有液相存在部位料柱的透气性，应提高焦炭的高温强度，改善焦炭的粒度组成；改进矿石的冶炼性能，如提高矿石品位，使用熟料，提高还原性，改善炉渣的流动性和稳定性；改进操作制度，降低软熔带位置，创造一个合理的软熔带形式，如"∧"形。

3.3.4　高炉造渣制度

炉渣在高炉冶炼中的作用：高炉冶炼是为了从红土镍矿中得到镍铁，不但要使 Fe-O、Ni-O 化学分离，还要使镍、铁与氧化物炉渣机械和物理分离，这就需要有良好的液态炉渣；利用渣铁密度的不同而达到分离的目的。

高炉炉渣是由矿石、焦炭和熔剂中不能被还原的氧化物等组成，主要成分是 SiO_2、CaO、MgO、Al_2O_3、MnO、FeO、CaS 等。若向高炉中除红土镍矿外还加入铬矿，则渣中也有 Cr_2O_3。高炉生铁炉渣与镍铁炉渣成分与碱度见表 3-1。

表 3-1　高炉低镍镍铁、生铁炉渣化学成分与碱度

序号	名称	化学成分（质量分数）/%						$R_2 = w(CaO)/w(SiO_2)$	$R_4 = w(CaO + MgO)/w(SiO_2 + MgO)$
		铁水的 Ni 含量	$w(SiO_2)$	$w(CaO)$	$w(MgO)$	$w(Al_2O_3)$	$w(FeO)$		
1	高炉低镍镍铁	1.95	34.07	25.37	13.49	21.10	1.13	0.74	0.70
2		1.60	28.63	32.5	9.18	25.24	0.54	1.14	0.77
3		1.57	32.57	30.14	10.30	22.08	1.31	0.92	0.74
4		4.44	43.24	24.4	18.66	10.05	0.20	0.56	0.8
5		4.7	43.12	23.59	17.94	12	0.17	0.55	0.75
6	生铁炉渣	0	40.06	42.14	7.03	6.88	0.53	1.05	1.05
7		0	38.53	43.59	7.98	10.02	0.45	1.13	1.06

现代高炉炼铁的造渣制度由其富铁矿成分决定，大致以 CaO-SiO$_2$ 为主相、并通过调节 MgO 与 Al$_2$O$_3$ 质量分数来得到熔化性温度与黏度适宜的渣系。高炉渣成分大致在 $w($CaO$)/w($SiO$_2)$ 为 1.0 ~ 1.2、MgO 5% ~ 10%、Al$_2$O$_3$ 小于 15%，这四个主要成分的质量总和占到炉渣总质量的 95% 以上。红土镍矿由于成分的特殊性，特别是 MgO 含量较高，且入炉矿综合品位（Ni+Fe）较炼铁入炉矿低很多，通常为生产中镍铁（含 Ni 5% 左右）所用矿品位 25% 左右，生产低镍镍铁（含 Ni 1.5% 左右）所用矿品位为小于 5%，此时若造高碱度渣势必要加入大量的 CaO 等，进而会造成渣量进一步加大，焦比增大，造渣制度难以遵循现代炼铁工艺的造渣制度。

目前红土镍矿的造渣制度：在能满足脱硫的条件下，将炉渣碱度 $w($CaO$)/w($SiO$_2)$ 控制在 0.7 左右、MgO 控制在 15% ~ 35%。低碱度渣可最大程度地降低造渣原料如石灰石、生石灰或白云石的使用，节约原料成本，同时也尽可能地降低了渣量，从而有利于降低焦炭使用量，进一步降低镍铁合金冶炼成本。

红土镍矿冶炼时，由于高炉下部的渣量远远大于高炉炼铁，导致铁水温度降低。高炉炼铁吨铁渣量约为 350kg，炉渣密度以 2500kg/m^3 计算，吨铁炉渣体积约为 0.14m^3，1t 铁水（铁水密度 7138kg/m^3）的体积约为 0.14m^3。以等截面炉缸来说，炉渣的高度与铁水的高度大约相等。而红土镍矿冶炼镍铁，以含镍 5% 镍铁，渣铁比 2.6 为例，1t 镍铁合金产生 2.5t 炉渣，保守计算，吨铁炉渣体积约为 1m^3，是 1t 液态镍铁体积的 7.14 倍，即炉缸内炉渣的高度较液态镍铁的高度高很多。高炉冶炼红土镍矿时的热量来自风口区焦炭（或煤粉）的燃烧，由于渣层太厚，导致热量难以有效传到炉缸下部，引发铁水温度变低，容易产生镍铁水不易流出的难题。小高炉由于炉缸小，铁水温度的下降趋势较小，从而有利于流出镍铁水。适度提高风口前的理论燃烧温度，才可以解决铁水流动性差的难题；大高炉的炉缸大，炉缸下部的铁水温度降低，对冶炼镍铁合金不利。但可以通过改造炉型，扩大炉缸炉渣区的截面积，降低炉渣高度来提高炉缸铁水温度；也可以提高风口区的鼓风动能与理论燃烧温度，让高炉上部的炉料经过风口区获得更多的物理热。

红土镍矿高炉冶炼除存在渣量大、炉缸铁水温度低与铁水流动性差等问题外，红土镍矿的另一特点是含有一定量的 Cr$_2$O$_3$，Cr$_2$O$_3$ 熔点高，并且黏度大。由于 Cr$_2$O$_3$ 的存在，加剧了炉渣变稠，不利于对流传热与传导传热，从而导致炉缸铁水的温度更低，进一步影响铁水流动性，这也是高炉长期不敢冶炼红土镍矿的重要原因。通过添加萤石可减缓 Cr$_2$O$_3$ 的副作用，改善铁水流动性。这是因为，萤石是一种助熔剂，同时也是还原反应催化剂，因此可以显著改善反应动力学条件，让更多的 Cr$_2$O$_3$ 即时被还原成金属铬溶于液态镍铁合金中，消除了渣中 Cr$_2$O$_3$ 的副作用，从而避免了铁水温度下降导致铁水流动性变差的问题。其难点是如何掌握萤石添加量：加少了，不易改善炉渣与液态镍铁合金的流动性；加多了，容易产生其他副作用，如耐火材料严重侵蚀问题。研究表明，可以根据红土镍矿中的铬含量大致确定萤石添加量，红土镍矿中每增加 1%Cr，大约添加 1% 的萤石。

3.4 镍铁形成

镍铁的形成是伴随着镍和铁的还原和不断渗碳以及其他元素还原进入金属液中的过程。矿石在下降过程中首先被还原成含镍的海绵铁，还原去除矿石中的氧，得到内部含有海绵状孔隙的铁。海绵铁在随炉料下降过程中不断吸收碳素，即渗碳，发生在炉身部分（块状带）的这种渗碳过程可能是由于活泼的海绵铁与 CO 接触作用，促进其分解。CO 分解析出活性很高的炭黑，并吸附在海绵铁表面上，同时不断扩散溶入铁中，使铁渗碳，形成 Fe_3C，反应过程如下：

$$2CO === CO_2 + C_黑 \tag{3-24}$$
$$3Fe + C_黑 === Fe_3C \tag{3-25}$$
$$3Fe + 2CO === Fe_3C + CO_2 \tag{3-26}$$

由于渗碳，海绵铁的熔点降低，随着炉料下降进入软熔带，温度升高，海绵铁逐渐熔化为液体，铁液向下滴落，与焦炭接触良好，加速了渗碳过程的进行。渗碳过程在炉腹中大量发生，在炉缸中继续进行。随着铁水的形成和滴落，Ni、Si、Mn、P 等元素还原溶入铁液中，加上渗碳作用，使各种元素溶在一起，最终形成了镍铁。

镍铁最终含碳量通常是无法控制的，碳在铁水中的溶解度随温度的升高而增加，而且与铁水中其他元素的含量有关。凡能与碳形成碳化物的元素（如锰、铬、钒、钛等）均能促进铁水含碳量的增加，因为这些碳化物稳定且易溶解于铁水中；另有一些元素（如硅、磷、硫等）却能阻碍镍铁渗碳，它们不能形成稳定的碳化物，而与铁生成的化合物则较为稳定，破坏铁与碳的结合，使 Fe_3C 分解，析出游离的石墨碳。

生产中一般不化验镍铁的含碳量，利用生铁的经验公式估算：

$$[C] = 1.34 + 2.54 \times 10^{-3}t + 0.04[Mn] - 0.35[P] - 0.54[S] - 0.03[Si]$$

式中　　t——铁水温度。

在 1450~1500℃镍铁中的碳几乎全部来源于焦炭，可见焦炭除作为燃料、料柱和还原剂外，还有供碳作用。

3.5　高炉设备及生产工艺

高炉设备由高炉主体和辅助设备组成（见图 3-13），这些设备处在繁重的条件下工作，不仅要承受巨大的载荷，往往还伴随着高温、高压和多灰尘等不利因素，设备零件容易磨损和侵蚀。为确保高炉生产顺行，它对机械设备提出了越来越高的要求，即满足生产工艺要求、要有高度的可靠性、要提高寿命并易于维修、要易于实现自动化、设备的标准化。

3.5.1　高炉主体设备

高炉主体设备包括高炉本体（如高炉内型、高炉炉衬及高炉冷却装置）和高炉上料机及炉顶装料设备等，如图 3-13 所示。

3.5.1.1　高炉内型

高炉中进行各种物理化学变化的内部工作空间的形状称为内型，即通过高炉中心线的剖面轮廓。由图 3-14 可看出，高炉内型由炉缸、炉腹、炉腰、炉身和炉喉五段组成。五段形的高炉炉型呈两头小中间粗并略带锥度的圆柱体，非常有利于炉料和煤气的运动，既保证了炉料下降过程受热膨胀、松动软熔和最后形成液态而体积收缩的需要，又符合煤气上升过程中冷却收缩和高温煤气上升不致烧坏炉腹的特点。高炉的大小用高炉的有效容积

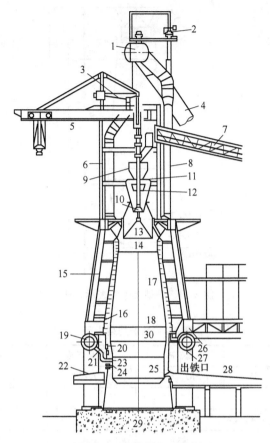

图 3-13　高炉设备示意图

1—集合管；2—炉顶煤气放散阀；3—料钟平衡杆；4—下降管；5—炉顶起重机；
6—炉顶框架；7—带式上料机；8—上升管；9—固定斗；10—小料钟；11—密封阀；
12—旋转溜槽；13—大料钟；14—炉喉；15—炉身支柱；16—冷却水箱；17—炉身；18—炉腰；
19—热风围管；20—冷却壁；21—送风支管；22—风口平台；23—风口；24—出渣口；
25—炉缸；26—中间梁；27—支撑梁；28—出铁场；29—高炉基础；30—炉腹

表示，高炉的有效容积是指炉料在炉内实际占有的容积，即由高炉出铁口中心线所在水平面到大料钟开启（下降）位置下沿水平面之间的容积。1000m³ 高炉指的就是该高炉的有效容积，即炉缸、炉腹、炉腰、炉身和炉喉五部分容积之和。目前高炉容积最大的已达 5000m³ 以上，但由于镍铁高炉冶炼的特殊性，我国冶炼镍铁的高炉都在 600m³ 以下。

3.5.1.2　高炉炉衬及高炉冷却装置

高炉用于冶炼的炉型空间是由炉墙围成的，而炉墙由耐火炉衬、冷却装置和炉壳组成。

A　高炉炉衬

高炉炉衬承受着炉渣侵蚀，渣铁液的冲刷和熔损，夹带有粉尘的高炉煤气的冲刷，炉料的挤压和摩擦等综合侵害作用，而在生产过程中又得不到修补。因此，用作炉衬的耐火材料必须对炉内反应保持物理和化学上的稳定性，并根据炉子的不同部位选用不同的耐火材料。高炉各部位用耐火砖见表 3-2。

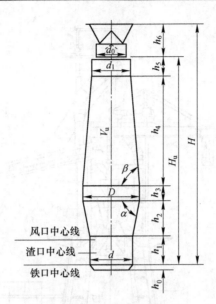

图 3-14　炉型尺寸的表示方法

表 3-2　高炉用耐火砖

项目	黏土砖	高铝砖	电熔高铝砖	碳砖	石墨碳化砖
主要成分/%	SiO_2：55	SiO_2：36	Al_2O_3：99	C：95	C：52
					SiC：20
	Al_2O_3：42	Al_2O_3：60			SiO_2：15
耐火度（SK）	34	>37	>40		
体积密度/%	2.36	2.83	3.85	1.16	2.00
显气孔率/%	12.2	14.5	2.7	17.3	11.8
耐压强度/kg·cm^{-2}	854	857	3055	405	400
化学性质	酸性	弱酸性	中性	中性	中性
特征	耐急冷急热性好	Al_2O_3含量高时，耐火度、耐蚀性、耐急冷急热性均好	气孔率极低，耐蚀性好，耐急冷急热性差	抗渣性良好，耐热度高，导热率高，700℃以上要氧化	1300℃以上要氧化
使用位置	炉身	炉身下部		炉身下部、炉腰、炉腹、炉缸	炉身下部、炉腰、炉腹、炉缸

B　高炉冷却装置

高炉寿命的长短，很大程度上取决于冷却。冷却方法有强迫冷却和自然冷却两种。强迫冷却的冷却介质有水冷、风冷和气化冷却三种，其中气化冷却是利用接近饱和温度的软水，在冷却器内受热气化时大量吸收热量的原理达到冷却设备的目的。根据炉子的不同部位选用不同的冷却装置，如在炉身部位采用简易的炉皮喷水冷却器；装在炉衬和炉壳之间的冷却壁（见图 3-15）；埋设在高炉砖衬中的冷却器（见图 3-16 和图 3-17）；在高炉的特殊部位如风口、渣口及炉底采用风口水套（见图 3-18）、渣口水套（见图 3-19）和炉底风冷装置（见图 3-20），铁口则是由铁口框架、保护板、铁口框架内的耐火砖套及耐火泥制作的泥套组成（见图 3-21）。

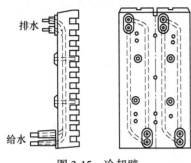

图 3-15 冷却壁

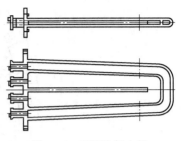

图 3-16 双腔冷却水箱

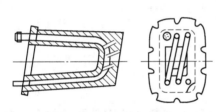

图 3-17 支梁式水箱

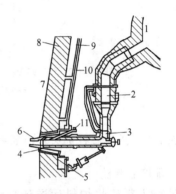

图 3-18 风口水套装置

1—热风围管；2—送风支管；3—弯管；4—直吹管；
5—风口水套；6—风口；7—炉内；8—炉衬；
9—冷却壁；10—炉壳；11—煤枪

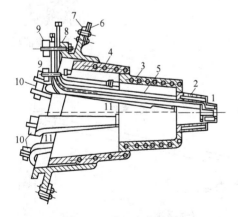

图 3-19 渣口水套装置

1—渣口小套（四套）；2—渣口三套；3—渣口二套；
4—渣口大套；5—冷却水管；6—炉皮；7，8—大套；
9，10—固定；11—挡杆

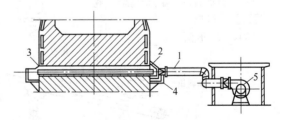

图 3-20 高炉炉底风冷装置

1—进风管；2—进风箱；3—防尘板；
4—风冷管；5—鼓风机

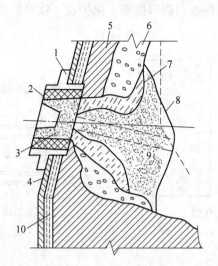

图 3-21　铁口结构示意图

1—铁口框；2—铁口砌砖；3—泥套；4—炉壳；5—炉缸与炉底砌砖；6—渣皮；
7—旧泥包；8，9—泥包；10—冷却壁

3.5.1.3　高炉上料机及炉顶装料设备

A　高炉上料机

用高炉上料机将炉料运送到高炉炉顶，是高炉加料系统中的重要设备，如图 3-22 所示。

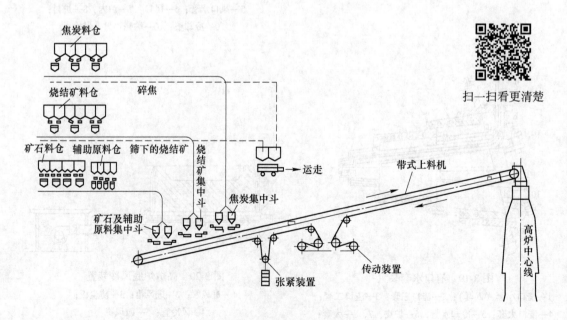

扫一扫看更清楚

图 3-22　带式上料机示意图

B 炉顶装料设备

炉顶装料设备是用来装料入炉并使炉料在炉内合理分布，同时要起炉顶密封作用的设备。双钟式炉顶装料设备已有上百年应用历史，它由受料漏斗、布料器（由小料钟和小料斗等组成）和装料器（由大料钟、大料斗和气封罩等组成）所组成。

炉顶装料设备形式较多，发展较快，还有多钟式、钟阀式、无料钟式等。从未来发展趋势看，无料钟炉顶将取代有料钟炉顶。

3.5.2 高炉辅助设备

高炉除上述主体设备外，还有炉前机械设备如开铁口机、泥炮、堵渣口机械、换风口机、换弯管机等；渣铁处理设备：包括铁水车、渣罐车、铸铁机等；送风系统设备：包括鼓风机、热风炉、高炉喷吹设备等；煤气除尘及利用设备：包括除尘装置、脱泥脱水设备、煤气发电机等。

3.5.2.1 热风炉

热风炉是高炉鼓风的预热器，它将鼓风机送出的风预热后送入高炉。高炉送风不但给高炉送去必不可少的与焦炭燃烧的氧，而且要保证一定的进风状态，以及由此产生的风口回旋区的状态。往高炉送风是在炉缸区，选择合理的鼓风参数及风口前产生煤气参数，已形成一定深度或截面积的回旋区，可使原始煤气流分布合理、炉缸圆周工作均匀、热量充足、工作活跃，它是保证高炉稳定顺行、高产、优质、低耗的重要条件。同时，还要调整好喷吹燃料与鼓风动能之间的关系。

高风温是高炉最廉价、利用率最高的能源。多年来的实践经验表明：每提高风温100℃可以降低焦比4%~7%。提高热风温度的主要方法是：提高热风炉拱顶温度、热风与炉顶温度间的差值。在提高热风炉耐火材料的质量、改善热风炉的整体结构等措施受到限制时，提高热风炉拱顶温度的有效手段就是强化燃烧。

热风炉的种类很多，如内燃式热风炉、外燃式热风炉、顶燃式热风炉、旋流顶燃式热风炉和球式热风炉。

3.5.2.2 煤气净化除尘设备

在钢铁联合企业中，高炉煤气占燃料平衡的25%~30%，其主要用于高炉自身的热风炉、轧钢加热炉、压差发电、燃气发电、锅炉等。但高炉粗煤气（荒煤气）一般含尘量10~40g/m³，煤气灰尘会使管道和设备堵塞，还会引起耐火砖渣化和导热性变坏，因此，必须对高炉煤气进行净化处理，使净煤气含尘量小于10mg/m³ 方可作为燃料使用。煤气净化除尘设备就是用来将混入高炉煤气的尘粒（0~500μm）同煤气分开。除尘是逐级进行的，能将大于100μm颗粒去除的称为粗除尘，其对应的设备有重力除尘器、离心除尘器等。能将更小的尘粒去除的称为精除尘，其对应的设备有文氏管、电除尘器和布袋除尘器等。高炉煤气除尘作为一个系统通常是先进行粗除尘，再进行精除尘（见图3-23）。

3.5.3 高炉生产工艺

高炉生产镍铁的工艺流程主要是：矿石干燥筛分、配料烧结、烧结矿焦炭高炉熔炼、

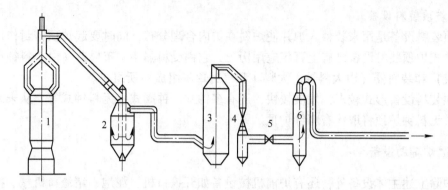

图 3-23 煤气除尘系统

1—高炉；2—重力除尘器；3—洗涤塔；4—文氏管；5—调压阀组；6—脱水器

镍铁水铸锭+熔渣水淬、镍铁锭+水淬渣。高炉生产镍铁与生产生铁在技术上大同小异，但生产成本差异巨大。通常在生铁生产时，原料含铁量每降低1%，焦比将上升2%，产量将下降3%。生铁原料含铁一般都在60%以上，而红土镍矿最高含铁在50%左右，还有含铁不足20%的低铁镍矿，这将造成生产成本的巨大差别。目前国内用高炉生产镍铁所用原料为含铁50%左右、镍1%左右的红土镍矿，生产含镍1.5%左右的镍铁，焦比在550~800kg/t，利用系数为2~3t/(m³·d)。用原料含铁25%左右、镍1.5%左右的红土镍矿，生产含镍5%左右的镍铁，焦比在1300kg/t左右，利用系数为1.0t/(m³·d)左右。高炉炼镍铁的生产工艺流程如图3-24所示。高炉生产的工艺流程包括以下几个环节：备料、上料、冶炼和产品处理。

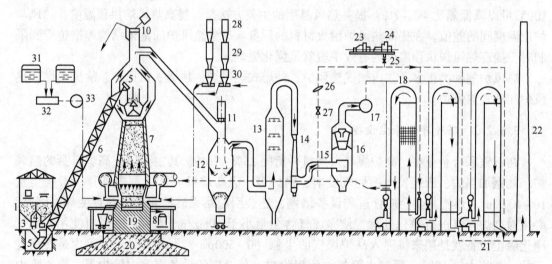

图 3-24 高炉生产工艺流程

1—储矿槽；2—焦仓；3—称量车；4—焦炭滚筛；5—料车；6—斜桥；7—高炉本体；
8—铁水罐；9—渣罐；10—放散阀；11—切断阀；12—除尘器；13—洗涤塔；14—文氏管；
15—高压调节阀组；16—灰泥捕集器（脱水器）；17—净煤气总管；18—热风炉（3座）；
19—炉基基墩；20—炉基基座；21—热风地下烟道；22—烟囱；23—蒸气透平；24—鼓风机；
25—放风阀；26—混风调节阀；27—混风大闸；28—收集罐（煤粉）；29—储煤罐；
30—喷吹罐；31—储油罐；32—过滤器；33—油加压泵

（1）高炉备料：高炉所用原料为烧结矿、焦炭、块矿及少量熔剂辅助材料。由烧结厂将烧结好的烧结矿用铁路车辆或皮带运到炼铁厂装入料仓；对于焦炭，则由炼焦厂的储焦塔通过运焦车或皮带机系统运到炼铁厂，装入焦炭仓；块矿及少量熔剂辅助材料也进入相应料仓。

（2）上料：通过料车或带式运输机上料系统。用于生产镍铁的高炉通常是小高炉，使用料车上料，按一定比例将原料、燃料和熔剂（通常备用）一批批地、有程序地装入高炉。送到炉顶的炉料，由炉顶装料设备按一定的工作制度装入炉喉。

（3）冶炼：高炉冶炼是连续进行的。鼓风机连续不断地将冷风送到炼铁厂，经热风炉加热到 1200~1300℃，通过炉缸周围的风口送入高炉。同时在风口区加入各种喷吹燃料和富氧。焦炭和鼓的热空气燃烧后产生大量的煤气和热量，使矿石源源不断地熔化，还原产生的铁水和熔渣贮存在高炉炉缸内，定期出渣和出铁。

（4）产品处理：对于设有渣口的普通高炉来说，出铁前先从渣口放出熔渣，用渣罐车把炉渣运到粒化池进行粒化处理，也有的高炉采用炉前冲水渣的方法。另外，有的高炉设有干渣坑，熔渣在干渣坑浇铸成一块块干渣。出铁时，用开口机打开出铁口，让铁水流入铁水罐车，再运到炼钢厂或运到铸铁车间用铸铁机浇铸成镍铁块。和铁水一起出来的熔渣经撇渣器和渣沟流入渣罐车，它与从渣口出来的上渣同样处理。每次出铁完毕后用泥炮把出铁口堵上。

经高炉导出的煤气通过除尘器、洗涤塔、文氏管清洗除尘后，沿煤气管道输往各用户使用。从除尘器排出的炉尘经车辆运往烧结厂作为烧结原料。从洗涤塔和文氏管系统排出的污水导入沉淀池，回收起来的污泥块可以作为烧结原料。

3.5.4 高炉生产主要技术经济指标

对高炉生产技术水平和经济效益的总要求是：高产、优质、低耗、减排、长寿。为此，制定了一系列技术经济指标，对高炉的运行质量加以对比和评价。

3.5.4.1 技术经济指标评价

高炉生产的技术经济指标主要有高炉有效容积利用系数、冶炼强度、焦比、燃料比、综合焦比等，下面分别介绍。

A 高炉有效容积利用系数

高炉有效容积利用系数是指每立方米（m^3）高炉有效容积（V_u）每日（d）生产炼钢生铁的量，即高炉每日生产某品种的铁量（P）乘以该品种折合为炼钢生铁的折算系数（A）后与有效容积的比值：

$$\eta = \frac{PA}{V_u}[t/(m^3 \cdot d)] \tag{3-27}$$

为了对照各铁种如镍铁与炼钢生铁焦比，本书 A 取 1，即：

$$\eta = \frac{P}{V_u}[t/(m^3 \cdot d)] \tag{3-28}$$

由上式可知，利用系数越大，铁的产量越高，高炉的生产率也就越高。目前平均生铁高炉有效容积利用系数为 3t/（$m^3 \cdot d$）左右，先进高炉达 4t/（$m^3 \cdot d$）以上。但镍铁生产的利用系数不高，目前国内用高炉生产镍铁所用原料为含铁50%左右、镍1%左右的红土镍矿，生产含镍1.5%左右的镍铁，利用系数为2~3t/(m³·d)。用原料含铁25%左右、镍1.5%左右的红土镍矿，生产含镍5%左右的镍铁，利用系数为1.0t/(m³·d)左右。

B　冶炼强度 I

冶炼强度是指每立方米高炉有效容积（V_u），每天消耗干焦炭的质量（Q_k）：

$$I = \frac{Q_k}{V_u} [t/(m^3 \cdot d)] \qquad (3-29)$$

在喷吹燃料条件下，相应有综合冶炼强度（$I_{综}$），即不仅计算消耗的焦炭量，还应将喷吹的燃料按置换比折合成相当的焦炭量（$Q_{喷}$）一起计算，即：

$$I_{综} = \frac{Q_k + Q_{喷}}{V_u} [t/(m^3 \cdot d)] \qquad (3-30)$$

目前生铁高炉冶炼强度的数值，一般在1.5~1.8t/(m³·d)。高炉生产镍铁冶炼强度的数值：所用原料为含铁50%左右、镍1%左右的红土镍矿，生产含镍1.5%左右的镍铁，一般在1.4~2.0t/(m³·d)。用原料含铁25%左右、镍1.5%左右的红土镍矿，生产含镍5%左右的镍铁，一般在1.0~1.3t/(m³·d)。

C　焦比 K

焦比是指冶炼1t生铁所消耗的干焦炭量。显然，焦比越低越好：

$$K = \frac{Q_k}{P} (kg/t) \qquad (3-31)$$

目前一般生产生铁焦比在400kg/t以下。用高炉生产镍铁所用原料为含铁50%左右、镍1%左右的红土镍矿，生产含镍1.5%左右的镍铁，焦比在550~800kg/t。用原料含铁25%左右、镍1.5%左右的红土镍矿，生产含镍5%左右的镍铁，焦比在1300kg/t左右。

D　燃料比 $K_{燃}$

在喷吹燃料时，高炉的能耗情况用燃料比（$K_{燃}$）表示，即每吨生铁耗用各种入炉燃料之总和：

$$K_{燃} = (Q_K + Q_{煤} + Q_{油} + \cdots)(kg/t) \qquad (3-32)$$

如将每吨生铁喷煤量、喷油量等，分别称为煤比 $K_{煤}$ 和油比 $K_{油}$ 等：

$$K_{燃} = K + K_{煤} + K_{油} + \cdots \qquad (3-33)$$

目前生产生铁燃料比一般在450kg/t左右。国内目前用高炉生产镍铁所用原料为含铁50%左右、镍1%左右的红土镍矿，生产含镍1.5%左右的镍铁，燃料比在750kg/t左右，如某镍铁厂吨镍铁耗焦炭530kg、焦末40kg、喷煤100kg。

E　综合焦比 $K_{综}$

冶炼1t生铁喷吹燃料按置换比折算为相应的干焦炭量（喷吹燃料焦比 $K_{喷}$）与实际耗用的焦炭量（焦比 K）之和称为综合焦比（$K_{综}$）：

$$K_{综} = K + K_{喷} (kg/t) \qquad (3-34)$$

F　利用系数、焦比 K 和冶炼强度三者之间的关系

因为　　$\eta = \frac{P}{V_u}, I = \frac{Q_k}{V_u}, K = \frac{Q_k}{P}$

所以 $\eta = \dfrac{I}{K}$

可见，利用系数与冶炼强度成正比，与焦比 K 成反比，要提高利用系数，强化高炉生产，应从降低焦比和提高冶炼强度两方面考虑。在当前能源紧张的情况下，首先应考虑降低焦比（燃料比）。

G   生铁合格率

生铁的化学成分符合国家标准时称为合格生铁。合格生铁量占高炉总产量的百分数称为生铁合格率。此外，优质生铁占生铁总量的百分数称为优质率。合格率和优质率都是生铁质量指标。对生铁质量的考查主要看其化学成分（如 S 和 Si）是否符合国家标准。

H   休风率

休风率是高炉休风时间（不包括计划大、中、小修）占规定日历作业时间的百分数。利用系数、冶炼强度和休风率三个指标是反映高炉生产率、作业率方面的指标，前两者越高、后者越低表示高炉越高产。

I   生铁成本

生铁成本是生产 1t 合格生铁所需原料、燃料、材料、动力、人工等一切费用的总和，它是衡量高炉生产经济效益的重要指标。生铁成本越低，经济效益越高，说明高炉生产效果越好。

J   高炉寿命

高炉寿命有两种表示方式，一是一代炉龄（高炉寿命）即从开炉到停炉大修之间的时间，一般 5 年以下为低寿命，5~10 年为中等，10 年以上为长寿；二是一代炉龄中每立方米有效容积产铁量，一般 3000t/m³ 以下为低寿命，3000~5000t/m³ 为中等，5000t/m³ 以上为长寿。高炉寿命越长，则一代炉龄产铁量越高，各项耗费相对越少，经济效果越好。一般高炉的一代寿命在 8 年以上，产铁量 5000t/m³ 以上。

3.5.4.2   目前国内高炉冶炼镍铁指标情况

由于红土镍矿高炉冶炼镍铁存在烧结矿综合品位低，且强度差、渣量大、炉缸铁水温度低与铁水流动性差等问题，加之 Cr_2O_3 的存在，更加剧了炉渣变稠，不利于对流传热与传导传热，从而导致炉缸铁水的温度更低，进一步影响铁水流动性。这也是高炉长期不敢冶炼红土镍矿的重要原因，导致目前国内冶炼镍铁所用高炉为中小型高炉。

A   某铁厂 180m³ 高炉生产低镍铁（含镍 1.5% 左右）指标

（1）焦炭成分见表 3-3。

表 3-3   焦炭成分　　　　　　　（质量分数/%）

试样	水分	灰分	挥发分	S	固定碳
试样 1	5.5	15.18	1.26	1.7	84.5
试样 2	5.0	13.6	1.23	1.23	85.17

（2）烧结矿成分与碱度见表 3-4。

表 3-4　烧结矿成分与碱度

试样	化学成分（质量分数）/%									$w(R_2)$
	$w(TFe)$	$w(FeO)$	$w(SiO_2)$	$w(Ni)$	$w(S)$	$w(P)$	$w(CaO)$	$w(MgO)$	$w(Al_2O_3)$	
试样 1	47.2	17.1	8.19	0.90	0.081	0.019	10.36	2.82	3.26	1.26
试样 2	49.2	19.87	7.99	0.89	0.081	0.012	8.59	2.19	2.86	1.17

（3）铁水成分见表 3-5。

表 3-5　铁水成分　　　　　　　　　　　（质量分数/%）

试样	$w(Si)$	$w(S)$	$w(P)$	$w(Ni)$
试样 1	1.99	0.042	0.067	1.58
试样 2	1.73	0.044	0.058	1.54
试样 3	1.04	0.058	0.056	1.64

（4）渣的成分与碱度见表 3-6。

表 3-6　渣的成分与碱度

试样	化学成分（质量分数）/%					$w(R_2)$	$w(R_4)$
	$w(SiO_2)$	$w(Al_2O_3)$	$w(CaO)$	$w(MgO)$	$w(FeO)$		
试样 1	28.63	25.24	32.5	9.18	0.54	1.14	0.77
试样 2	26.28	26.39	34.5	6.66	0.20	1.32	0.78
试样 3	26.26	26.26	31.0	9.36	0.51	1.10	0.77

（5）焦比：$K = 820 \sim 890 \text{kg/t}$。

（6）产量：每天生产 300t。

（7）利用系数：$1.67 \text{t/}(\text{m}^3 \cdot \text{d})$。

B　某铁厂 380m³ 高炉生产中镍铁（含镍 5%左右）指标

（1）红土镍矿的化学成分见表 3-7。

表 3-7　红土镍矿的化学成分　　　　　　　（质量分数/%）

试样	$w(TFe)$	$w(CaO)$	$w(SiO_2)$	$w(MgO)$	$w(P)$	$w(S)$	$w(Al_2O_3)$	$w(H_2O)$	$w(Ni)$
试样 1	26.71	1.10	17.31	7.98	0.006	0.057	7.27	37	1.6
试样 2	31.52	1.53	17.60	7.63	0.003	0.072	7.18	37	1.5

（2）烧结矿的化学成分与碱度见表 3-8。

表 3-8　烧结矿的化学成分与碱度

试样	化学成分（质量分数）/%									$w(R_2)$
	$w(TFe)$	$w(FeO)$	$w(SiO_2)$	$w(Ni)$	$w(S)$	$w(P)$	$w(CaO)$	$w(MgO)$	$w(Al_2O_3)$	
试样 1	19.22	11.92	21.52	1.28	0.081	0.010	16.80	9.87	6.70	0.78
试样 2	18.51	15.39	22.46	1.38	0.081	0.020	16.17	10.99	6.54	0.72

（3）镍铁的成分见表3-9。

表3-9 镍铁的成分 （质量分数/%）

试样	$w(Si)$	$w(S)$	$w(P)$	$w(Ni)$
试样1	2.22	0.029	0.053	5.16
试样2	2.22	0.037	0.053	5.16

（4）渣的成分与碱度见表3-10。

表3-10 渣的成分与碱度

试样	化学成分（质量分数）/%					$w(R_2)$	$w(R_4)$
	$w(SiO_2)$	$w(Al_2O_3)$	$w(CaO)$	$w(MgO)$	$w(FeO)$		
试样1	38.89	10.50	22.82	19.68	0.54	0.57	0.84
试样2	42.68	11.69	24.44	17.46	0.20	0.57	0.77

（5）焦比：$K=1301kg/t$。

（6）利用系数：$0.75t/(m^3 \cdot d)$。

3.5.5 小高炉冶炼镍铁的优势

由于红土镍矿不能靠传统的选矿方法富集，且高品位镍铁要求镍矿的镍高铁低，进而使得镍矿的综合品位（含Ni、Fe量）较低，造成炉渣量大、烧结矿强度低、冶炼时透气性差、炉缸温度低等不利因素，这使得综合品位低的红土镍矿在大高炉上几乎不能顺行，必须使用中小高炉（不大于450m³）。这就是高炉生产镍铁的品位越高，反而使用的高炉容积越小的原因。用较小高炉（炉身矮）冶炼镍铁是基于以下优势：炉内料柱低，使煤气通过阻力小，透气性好；相对的横断面积大，煤气流速低，同样使煤气通过阻力小，透气性好；炉料压缩率低，料柱疏松，也可以使煤气通过阻力小，透气性好；负荷轻，料柱中焦炭体积大，可改善透气性；成渣带薄，高炉下部透气性好等。

（1）炉内料柱低，使煤气通过阻力小。高炉料柱的透气性是指煤气通过料柱时的阻力大小。阻力大则透气性不好；反之，阻力小则透气性好。透气性直接影响炉料顺行、炉内煤气流分布和煤气利用率。

由风口鼓入高炉的热风经与焦炭反应产生煤气，煤气在向上的运动中所遇到的障碍是炉内料层的阻力 Δp：

$$\Delta p = \frac{7.6\omega^{1.8}\nu^{0.2}\gamma}{gd_\partial \varepsilon^{1.8}}H \tag{3-35}$$

式中 Δp——压力损失，即炉料对煤气的阻力，kg/cm^2；

$\qquad H$——料柱高度，m；

$\qquad \omega$——煤气平均流速，m/s；

$\qquad \nu$——煤气运动黏度系数，$kg/(s \cdot m^2)$；

$\qquad \gamma$——煤气重度，kg/cm^3；

$\qquad g$——重力加速度，m/s^2；

ε——炉料空隙度，m^3/m^3；

d_∂——炉料空隙当量直径，m。

由上式知，Δp 与 H、ω、ν、γ 正相关，与 d_∂、ε 负相关。当煤气与炉料性质一定时，ω、ν、γ、d_∂、ε 相对稳定，炉料对煤气的阻力就取决于料柱高度，即 H 值越大，Δp 值越大，高炉越不易接受风量，冶炼强度就不易提高。小高炉炉内料柱低，则相对大高炉其 Δp 低。

（2）相对的横断面积大，煤气流速低，煤气通过阻力小。随着高炉容积增大，几何尺寸均增加，但横向尺寸的增加远远小于炉容的增加。炉容 V 的增加量远远大于炉喉横截面积 S 的增加，即炉容增大使得 S/V 减小，或者说小高炉单位炉容的炉喉横截面积大。

由于高炉单位时间内的煤气量是与高炉容积成比例增加的，所以随炉容的增加，单位面积的煤气量和炉内的煤气流速也增加。由此推断，小高炉各断面上的煤气流速低于大高炉。根据煤气通过阻力 Δp 与煤气流速 ω 正相关，ω 减小，则 Δp 减小，透气性好，有利于高炉顺行。

（3）炉料压缩率低，料柱疏松、空隙度增加，煤气通过阻力小。因为小高炉料柱短，下部承受上部料的压力小，同时，小高炉炉料上限粒度小，所以小高炉炉料在炉内的压缩率比大高炉低。

由于压缩率减少，相应增加料间空隙度，Δp 与 ε 负相关，使得煤气通过阻力 Δp 减少，增强了透气性，有利于高炉顺行。

（4）焦炭负荷轻，料柱中焦炭体积大。由于多种原因，小高炉焦比总是高于大高炉，特别是在大高炉喷吹燃料的基础上则焦比差距更大。由于焦炭透气性明显优于矿石的透气性，炉料中焦炭体积增加，料柱透气性改善，这也是小高炉易于冶炼红土镍矿的原因。

（5）成渣带薄，高炉下部透气性好。无论高炉容积大小，只要使用的原料温度相同，炉顶煤气温度大致是相近的，使用冷矿时约 200℃。风口区的温度也大致相同，约 2000℃。图 3-25 所示为不同容积高炉炉内温度沿高度的变化关系。2516m^3 高炉从风口平面到炉顶高度约 26m，15m^3 高炉从风口平面到炉顶高度约 5.7m，两个高炉从风口平面到炉顶温降均为 $2000-200=1800$（℃）。

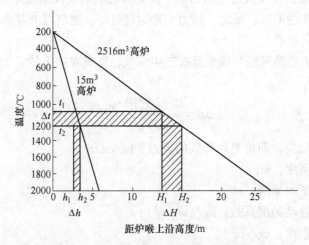

图 3-25　不同容积高炉炉内温度沿高度的变化

成渣温度范围 Δt：

$$\Delta t = t_2 - t_1 \qquad (3-36)$$

式中 t_1——高炉内矿石开始软熔造渣的温度，℃；

t_2——高炉内矿石造渣完成的温度，℃。

由图 3-25 知：与成渣温度相应的沿高炉高度成渣带分布，15m³ 高炉成渣带厚度为 $\Delta h = h_2 - h_1$，2516m³ 高炉为 $\Delta H = H_2 - H_1$。Δh 较薄，仅为 ΔH 的 1/4。由于成渣带是高炉内透气性最不好的区域，因此成渣带薄，则对煤气运动的阻力也相应减少，小高炉比大高炉 Δp 小，易顺行。

综上所述，较小高炉相对大高炉透气性好，用其冶炼红土镍矿时易顺行。或者说，对于用红土镍矿冶炼镍铁，小高炉较大高炉用精铁矿冶炼生铁的诸多不利因素的适应性强。

 ## 练习题

3-1 什么是氧化转化温度？

3-2 高炉中氧化镍和氧化铁被还原时可能发生的化学反应有哪些？

3-3 高炉冶炼对烧结矿的质量要求有哪些？

3-4 简述高炉冶炼过程及特点。

3-5 简述高炉内各区内进行的主要反应及特征。

3-6 简述高炉内煤气运动特点。

3-7 简述高炉冶炼红土镍矿的造渣制度。

3-8 高炉主体设备有哪些？

4 矿热炉生产镍铁

矿热炉的优点是能达到高温，炉内条件易于控制，熔炼产生的废气量少，收尘设备投资少，因而常采用矿热炉熔炼熔点高的硅酸镍矿。矿热炉生产镍铁是当今最主要的火法镍铁生产方法，利用选择性还原的原理，控制铁的还原程度以提高镍铁的品位和镍的经济回收率。矿热炉熔炼镍铁是采用连续冶炼法，直接加热，有渣操作。熔炼时熔池的结构很复杂，它包括处于各种物理化学状态的炉料（从硬块到糊状）、熔渣和金属。

4.1 冶炼原理

4.1.1 镍铁的选择性还原

氧化镍矿的还原可以在炉料熔化的同时进行，也可以在炉料熔化之前进行或熔化之后进行，这主要取决于不同的工艺过程。炉料熔化后由固体碳还原。在红土镍矿的熔点范围内（1327~1427℃），组成红土镍矿氧化物的氧势由大到小排序（稳定性由小到大）：NiO、CoO、Fe_2O_3、Cr_2O_3、SiO_2、Al_2O_3、MgO、CaO。因此，红土镍矿中各氧化物被还原的由易到难程度为：NiO>CoO>Fe_2O_3>Cr_2O_3>SiO_2>Al_2O_3>MgO>CaO，其中 NiO 的开始还原温度低于 Fe_3O_4、FeO 的开始还原温度。利用这一选择性还原原理，使红土镍矿中几乎所有的 Ni、Co 优先还原成金属，控制氧化铁还原成金属的量。铁的还原程度通过还原剂的加入量（缺碳操作）以及调整适当的还原温度，使高价的 Fe_2O_3 还原为 Fe_3O_4，Fe_3O_4 还原为 FeO，FeO 适量还原为金属 Fe，其余未还原的 FeO 进入熔渣，即铁不完全还原。之所以必须严格控制铁的还原量，是因为将过多的铁还原成金属，将降低镍铁的品位，增加电损耗，这就是矿热炉生产镍铁品位高的原因。另外，FeO 入渣可降低炉渣的熔点，降低操作温度，还可提高炉渣的导电性。FeO 的含量还决定渣的氧势，从而决定镍铁中碳、硅、铬、磷等杂质含量。但是，镍铁的品位不能无限制地提高，否则会降低镍的回收率。

4.1.2 干燥、焙烧的基本原理

矿热炉熔炼镍铁通常需要对炉料进行预处理，主要包括炉料预热、干燥脱水和预还原三个过程，目的是降低电耗、缩短冶炼时间、将炉料熔化时翻料事故降到最低限度。因此，对红土镍矿的预处理，可在一定程度上降低镍铁生产成本，提高经济效益。炉料的预热、干燥和预还原一般是利用回转窑干燥、焙烧工艺来完成。炉料的预还原是在固态下进行的，温度在 538~980℃ 之间，窑内呈还原气氛。矿石脱水后失去其原来的晶体结构，当温度升至 760℃ 时，成为无定形形态，适合于还原反应的进行；超过此温度，则矿石又形成新的结晶结构，此时镍难以还原。

预还原的程度取决于反应时间、温度和气体的还原强度。在固体状态下，氧化镍和氧化铁的还原反应见式（3-5）~式（3-13）。

红土镍矿还原熔炼生产镍铁中，矿石的脱水和固态阶段的还原、晶形转变等反应在整个过程中起了很重要的作用，直接关系到还原反应能否顺利进行、产品的品质、熔炼过程生产率和能耗的高低、电炉寿命等。所以，研究矿石的脱水和固态阶段的还原、晶形转变等反应的规律是很有必要的。

红土镍矿干燥脱水：矿物中的水不仅是形成矿物的一种重要介质，也是矿物本身的一种成分。水在矿物中存在的形式有两类，即不加入晶格的吸附水、自由水和加入晶格的结晶水、结构水等。根据红土镍矿物理化学性质和干燥特性可知，红土镍矿中同时存在着吸附水、结晶水和结构水。由于红土镍矿中存在大量的水，矿热炉冶炼难以正常进行，故在红土镍矿进入矿热炉冶炼之前，必须对其进行干燥处理。

4.1.2.1 吸附水

吸附水是指机械地吸附于矿物中的水，没有加晶格，含量不等，随温度变化而变化。当加热时，这种水就从矿物中逐渐失去，温度升至110℃时，吸附水就全部溢出。吸附水可以很容易地在矿物颗粒表面和裂缝间自由来往，即这种水比较"自由"。印尼和菲律宾的红土镍矿吸附水较高，通常在35%左右。针对这种红土镍矿，一般采取在进还原焙烧窑前，先经回转干燥筒干燥；但不能过于干燥，否则过于干燥的矿石会在运输过程中严重灰化，在还原焙烧时易被窑尾烟气带走。干燥筒最好将红土镍矿的吸附水干燥至20%左右，余下的吸附水留在还原焙烧窑中干燥。有学者研究：矿石含水量由19.81%降到7.4%时，其粒度为20mm的降低3倍，20~10mm的降低1.5倍，10~5mm的减低0.5倍；同时，粒度为5~2.5mm的提高0.3倍，2.5~0.4mm的提高0.8倍，0.5mm的提高0.6倍。

通常干燥筒内入口处气体温度800~900℃，出口处的气体温度100~120℃，被干燥物料的流向同炉气的流向相同。

4.1.2.2 结晶水

在矿物的晶格中的结晶水呈水分子状态，晶格中有一定的位置，水分子的数量与矿物中的其他成分成简单整数比。变质橄榄岩，由于风化富集，镍矿多硅多镁、低铁、高镍，称为镁质硅酸盐镍矿，如 $(Ni,Mg)_2SiO_4 \cdot xH_2O$。矿物对结晶水的束缚力比较强，它们一般不能在矿物结构中自由运动，只有在外界条件发生大的改变时，才能从矿物中逸出。含结晶水的矿物失水温度是一定的，随着失水，矿物的晶格开始被破坏。失水温度比结构水低，一般在500℃以下，如石膏为 $CaSO_4 \cdot 2H_2O$，单位结构中含有两个水分子，且占据一定的结构位置；石膏在150℃时，其中的 H_2O 将失去，形成硬石膏 $CaSO_4$。

4.1.2.3 结构水（化合水）

结构水（化合水）是指以 OH^-、H^+、$(H_3O)^+$ 的形式存在于矿物中的水，在晶格中占有一定的位置，它是矿物中结合最牢的一种水。因此，只有在很高的温度下，结构水才会溢出而破坏晶格，如硅镁镍矿 $(Ni,Mg)_6Si_4O_{10}(OH)_8$、镍褐铁矿 $(Fe,Ni)O(OH) \cdot nH_2O$。

氧化镍矿中常见的矿物为：绿脱石、氧化铁、氢氧化铁、蛇纹石、自由氧化硅矿物、黏土矿物、亚氯酸盐、盐酸盐、镍硅酸盐、锰矿等，这些成分在镍矿中占的总比例为93%~98%。

蛇纹石 $3MgO \cdot 2SiO_2 \cdot 2H_2O$，几乎全是硅酸镁，含 $1.2\% \sim 15.5\%$ NiO、$38.7\% \sim$ 44.0% SiO_2、$26\% \sim 33\%$ MgO、$2\% \sim 14\%$ $\alpha\text{-}Fe_2O_3$ 等，这些矿物富含水。在加热至 $100 \sim 200℃$ 时，分解出吸附水；加热至 $600 \sim 700℃$ 时，分解出结构水。

可见，红土镍矿干燥过程是一个通过加温，脱出吸附水、结晶水和结构水的过程。随着脱水温度的提高，首先是较易脱出的吸附水被脱出，其次是使矿物结构发生变化（如脱羟基反应和晶形转变）的较难脱出的结晶水和结构水被脱出。

目前有很多企业采用"拌灰干燥"。红土镍矿运至原料场，在足够大的原料场将湿红土镍矿摊开，经阳光照射自然脱水并加入石灰与原矿发生放热反应脱水。采用这种"拌灰干燥"法，矿石中的水只有一部分能真正蒸发掉，只适用于原矿 SiO_2 含量高的情况。在 SiO_2 含量低的时候，原则上是要用干燥筒干燥。

在 3.1.2 一节，讲到了镍、铁、硅、锰、磷、铬和硅酸铁的还原热力学原理。回转窑焙烧预还原是在低温下进行的，是对固相中的氧化镍还原。回转窑的炉料是经过破碎的矿石、熔剂（若需要）和碳素还原剂。回转窑是稍微倾斜的圆筒型炉。以耐火砖作内衬，炉料从一端装入，在出料端设有烧嘴进行加热，炉料边从旋转的炉壁上落下边被搅拌焙烧，从下端排出。由于烟气的抽吸，防止了从炉子的两端漏出烟气和粉尘。

炉料在常温入炉，随着回转窑的旋转向前移动，炉料温度逐渐升高。炉料温度在 $100℃$ 时保持一定时间，待水分蒸发完，又继续升温，一直达到窑壁温度。在回转窑中，炉料和富含 CO、CO_2 的炉气接触，炉料中的氧化镍被部分还原成金属镍，氧化铁被部分还原成低价氧化铁及金属铁，最后形成温度为 $900℃$ 左右的焙砂。

4.1.3 矿热炉电热原理

矿热炉是一种电弧电阻炉，矿热炉中的热量既来源于电弧，也来源于炉料和炉渣的电阻。矿热炉的电能是以电弧和电阻两种方式转换成热能的：一种是由电极与熔渣交界面上形成的微电弧放电而转换成热能；另一种是电流通过炉料、熔渣时，因炉料、熔渣本身电阻的作用使电能转换为热能。

矿热炉运行过程中，炉内温度分布是不均匀的，离电极较近的区域，获得的热量较多，温度较高，例如在电极端部附近的坩埚区内温度高达 $2000 \sim 2500℃$。充满焦炭的坩埚内壁的温度约 $1900℃$，坩埚外壁温度约 $1700℃$。而离电极较远的区域，获得的热量较少，温度也较低，一般为 $1300℃$ 左右。因此，只有在离电极较近的区域才能进行炉料的熔化、还原，并且形成合金。

4.1.3.1 熔池结构

熔池内结构是各种各样的，其结构有的是连续发生变化的，有的则是周期发生变化的，这些变化由液态产品的聚积和出炉、料面下沉和新料加入引起。图 4-1 是矿热炉的四种熔池作业模式。

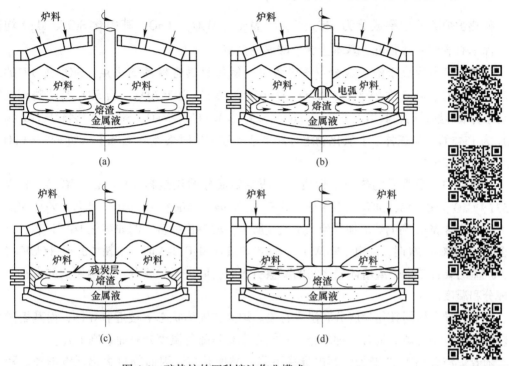

图 4-1　矿热炉的四种熔池作业模式

（a）浸极式熔炼；（b）遮弧式熔炼；（c）埋弧式熔炼；（d）熔池开放式熔炼

扫一扫看更清楚

　　浸极式熔炼的能量在熔渣层中释放（100%熔池功率），其工作电阻由熔渣的电阻率决定，电阻较低，操作相对简单。功率受电极载流能力和低压母线限制。由于浸极操作，炉子经常遭受炉渣的腐蚀。浸极操作实际是高电流的操作，缺点是：需要大的电极和低压母线、电极消耗高、电能损耗高、炉壁热损失较高、耐火砖腐蚀速率更快。

　　遮弧式熔炼是通过提高电压获得更高的功率。电弧直接将能量传递给炉料，不出现炉渣严重过热的现象，此时电弧功率不小于熔池功率。炉顶和炉墙上部的热损失低。矿热炉生产镍铁通常采用遮弧操作。

4.1.3.2　矿热炉的电弧

　　矿热炉熔炼时产生的电弧是属于气体放电的一种形式。一般情况下气体是绝缘体，当受到外界游离源的影响，如各种射线、紫外线照射时，这种绝缘性能便受到破坏。这时，如果在充有气体的容器中，封入两个电极，并在电极上加上电位差，便会发现外电路有电流，同时两极间有亮光出现，此时，气体即成为较好的导体，这种现象称为气体放电现象。气体放电随着气体种类、压力、电极状态及间距、外加电压电流的不同，呈现不同的现象，如辉光放电、电晕放电、弧光放电等。在矿热炉电弧熔炼中，使电极端面与熔池面之间存在电位差，就可使气体电离。随着电离程度的增加，导电粒子数量迅速增加，电极间气体被击穿而形成导电通道，即生成电弧。

4.1.4　炉渣主要组分对炉渣性能的影响

矿热炉炉渣的主要成分为 SiO_2、FeO、MgO、Al_2O_3、CaO，其中含 SiO_2、MgO 均很高，而 FeO 含量一般很低，基本上为硅酸镁钙型渣。

炉渣的熔点取决于渣的成分。渣中各单一氧化物具有极高的熔点：SiO_2 为 1710℃、FeO 为 1360℃、MgO 为 2800℃、Al_2O_3 为 2050℃、CaO 为 2570℃。当 SiO_2 与这些碱性氧化物结合成硅酸盐时，其熔点下降：$(FeO)_2SiO_2$ 为 1244℃、$MgO \cdot SiO_2$ 为 1543℃、$Al_2O_3 \cdot SiO_2$ 为 1545℃。当三种以上氧化物组合成复杂的硅酸盐时熔点就更低了，如 $FeO \cdot CaO \cdot SiO_2$ 为 980℃。

比热是炉渣最重要的热力学性质。炉渣主要成分的比热容（$kJ/(kg \cdot ℃)$）：FeO 为 0.577，CaO 为 0.748，SiO_2 为 0.823，Al_2O_3 为 0.949，MgO 为 1.016。可见，MgO 比热容最大，即将含 MgO 高的炉渣加热到一定温度所消耗的热量最多。例如熔化 1t 固体料，当炉渣含 MgO 12%～13%时，耗电 720kW · h；而当炉渣含 MgO 24%时，电耗增加到 900kW · h。

炉渣的黏性是由炉渣熔体层之间的摩擦引起的，取决于炉渣分子的内聚力的大小、炉渣成分和温度。

炉渣的导电性同其化学成分和温度有关。炉渣在固体状态下接近非导体，而其熔融后是较好导体。不管炉渣具有何种成分，其电导率总是随着温度升高而急剧上升。

随着炉渣含 SiO_2 的增加，其电导率下降，黏度升高，因而物料熔化耗电增加。随着炉渣含 FeO 增加，渣的导电性增加，熔点降低，耗电减少，但其密度增加。当炉渣含 MgO 1%～14%时，对炉渣有好的影响，能增大渣的导电性，降低渣的密度、黏度和熔点；但当 MgO 超过14%时，炉渣熔点上升，黏度增加，电耗增大。当炉渣含 CaO 3%～8%时，对炉渣性质影响不大。随着 CaO 含量增加到18%，炉渣电导率增加1～2倍，渣的密度和黏度降低。一般炉渣含 Al_2O_3 5%～12%，少量的 Al_2O_3 对炉渣性质影响不大。随着 Al_2O_3 含量增加，炉渣黏度增加。

4.2　镍铁生产工艺

矿热炉熔炼镍铁时，对炉料进行预处理的方法有两种，一种是将红土镍矿烧结成烧结矿；另一种是利用回转窑还原焙烧，将红土镍矿焙烧成焙砂的方法。后一种炉料的预处理方法是提供热焙砂喂入矿热炉工艺，即回转窑矿热炉冶炼工艺（RK-EF），是目前最好的镍铁冶炼工艺。典型的 RK-EF 生产工艺流程如图 4-2 所示。

4.2.1　回转窑焙烧法

若红土镍矿含水量高（大于25%），则应在预还原回转窑前增加回转干燥筒干燥含水镍矿。氧化镍矿和熔剂、还原剂运送至原料仓库，通过原料处理系统完成选矿、上料、破碎及配料。按配比混合后的炉料经回转窑干燥、加热和焙烧，产出焙砂。将热焙砂送至矿热炉受料位直至矿热炉中，产生的热烟气经处理可用于发电。

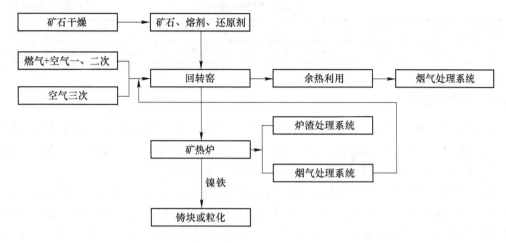

图 4-2 典型的 RK-EF 生产工艺流程

4.2.2 矿热炉熔炼

矿热炉中的热焙砂经过还原熔炼，产出镍铁、炉渣和煤气。粗制镍铁水由铸铁机浇铸成铸块，或进行精炼后铸块或由粒化装置浇铸成铁粒，或直接送下一步冶炼不锈钢。炉渣处理系统完成炉渣水淬及脱水干燥。烟气经烟气处理系统净化合格后，通入回转窑作为补充燃料。

下面介绍由 2 台 $\phi 3.6m \times 40m$ 回转干燥筒、2 台 $\phi 4.5m \times 110m$ 还原焙烧回转窑及 2 台 30MW 矿热电炉组成的年产 10 万吨/年的高镍铁 KE 生产线的生产工艺，其工艺流程如图 4-3 所示。原料供应条件：红土镍矿（含 Ni 1.9%~2.0%）需要量 100 万吨/年；还原剂烟煤需要量为 0.75 万吨/年，无烟煤需要量为 2.85 万吨/年，燃料烟煤需要量为 11.2 万吨/年；石灰需要量为 4 万吨/年。粗镍铁成分（质量分数）见表 4-1。

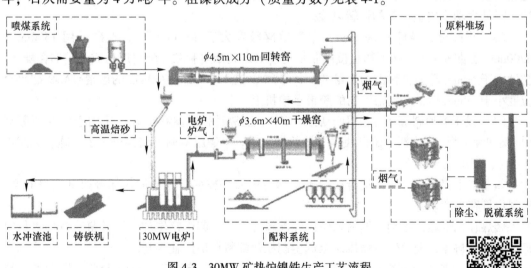

图 4-3 30MW 矿热炉镍铁生产工艺流程

扫一扫看更清楚

表 4-1　粗镍铁成分　　　　　　　　（质量分数/%）

成分	Ni	Fe	Co	C	Cr	Si	S	P
配比	15.00	82.35	0.29	0.30	0.55	0.60	0.07	0.035

4.2.3　回转窑焙烧

红土镍矿从港口运至露天堆场，晾晒后的红土镍矿经铲车或翻斗车上料至皮带输送机转运到干燥筒；干燥筒的热源由矿热炉及回转窑高温炉气提供，红土镍矿从干燥筒出来后经过混匀、筛分、破碎至粒度小于 50mm，然后送至堆取料库。

进厂无烟煤和石灰石运送到储料棚，通过皮带输送至配料站。红土镍矿干矿由堆取料库经皮带送至配料站，经计量、称重后送至混料皮带，混合料输送至回转窑。烟煤制粉后通过气力输送至回转窑作燃料。混合料在回转窑中经过预热、升温、煅烧后脱去自由水、结晶水和结构水，镍、铁部分选择性还原后成焙砂排出，出料焙砂温度为 750~950℃。

热焙砂通过筛分去除结块，粒度小于 200mm 的热焙砂装入热料罐，送至炉顶保温料仓，保温料仓中的热焙砂经过保温料管送至镍铁电炉熔炼。

（1）2 台 ϕ3.6m×40m 回转式干燥筒用矿热炉高温烟气（800~950℃）及煤粉作燃料。经过干燥处理，矿石的含水量由 34% 降低至 20% 左右。干燥后矿石由胶带运输机运到筛分、破碎厂房。干燥烟气的烟尘率为 6% 左右，经过电收尘处理后排空，收集的烟尘通过气力输送装置送到烟尘仓，同焙烧回转窑共用一套脱硫装置。

（2）因矿热炉中主要成渣物微小的变化都会损害工艺和电力制度，须对化学和矿物成分各不相同的镍氧化矿石进行混匀。二氧化硅的总含量由 50% 提高到 55% 或者降低到 45%，将会破坏矿热炉的电力制度，同时导致工艺过程中工艺参数的恶化。矿石中铁的含量提高 2%~4%，炉膛将产生泡沫，形成紧急情况。矿石中的硅、铬和碳含量即使在很大范围内发生变化，都会转移到镍铁里。只有冶炼的矿石成分恒定，才能保证稳定的工艺参数，降低大功率冶金设备的运转风险。

（3）设筛分、破碎厂房 1 座，用于破碎粒度大于 50mm 干矿。干矿采用 1500mm×4200mm 振动筛筛分，筛下物直接由胶带运输机送到烟尘制粒及配料厂房或干矿储存堆场。粒度大于 50mm 筛上物料占干矿量的 5%~20%，进入 600mm×750mm 的齿辊破碎机破碎至粒度小于 50mm 后，加到筛下物的胶带运输机上。

（4）设干燥原料棚 1 座，用于后续工序不正常时临时储存干矿，还用于储存还原剂（烟煤和无烟煤）、熔剂、焙砂块料、块状烟尘等。干燥原料棚可储存干矿 3 万吨、无烟煤 2 万吨、烟煤 1.5 万吨。

如果红土镍矿成分偏离适合矿热电炉熔炼的渣型较多，需要加入部分熔剂调整渣型，熔剂也堆存在此。

烟煤、无烟煤、熔剂、返料均考虑经配料与干矿一起由窑尾加入回转窑。各种物料用铲车装入受料斗，经胶带运输机送至烟尘制粒及配料厂房的辅料仓。

（5）烟尘制粒及配料回转窑产生的烟尘量很大，几乎是窑炉料的 15%。设烟尘制粒及配料厂房 1 座，包括 2 套制粒和 2 套配料系统。矿热炉及干燥筒烟气系统和回转窑烟气系统回收的烟尘，合并环境集烟系统收尘，通过气体输送泵输送到烟尘制粒厂房的烟尘仓。制粒时，烟尘先由增湿螺旋输送机预增湿，干矿经定量给料机控制加入量，黏结剂等分别按比例加入圆盘造球机。

冶炼镍铁时，镍氧化矿和固体碳采用专门的配料机进行混合，大多数情况下，还要混入熔剂。干燥后的红土镍矿通过胶带运输机送制粒或干矿仓，同时烟煤、无烟煤、熔剂、返料（块状烟尘、焙砂块料）通过胶带运输机运到制粒或配料厂房的辅料仓中的矿仓（下部配有定量给料机）。再根据生产的需要进行配料，配好的混合料用胶带运输机运送到焙烧回转窑进行焙烧。

（6）还原焙烧的主厂房设有 2 台 ϕ4.5m×110m 回转窑。干矿、烟煤、无烟煤、熔剂（若需要）、返料和烟尘制成的粒料由胶带运输机运到回转窑厂房，用溜槽加入回转窑。回转窑连续运转，窑内物料流向为逆流，窑体旋向从卸料端看为顺时针旋转。按各段反应特性不同，回转窑可划分为三个区：1）距回转窑冷端（加料端）58m 左右长度段为烘干区，在此区域，炉料被加热到 110~120℃，粒料中的自由水被完全蒸发；2）烘干区后 40m 左右的长度段为加热区，将炉料加热到温度 700~800℃，脱除结晶水；3）最后 12m 左右长度段为还原焙烧区，炉料继续升温到 950~1000℃，其中的铁、镍的氧化物被部分还原，最后还原焙烧后的焙砂温度为 750~850℃。窑头（卸料端）设有燃烧器，通过控制烧嘴鼓入一次风和二次风的风量不同，控制燃料煤粉的不完全燃烧，达到窑尾的还原性气氛，同时通过窑上风机鼓入三次风，将烟气中可燃性气体燃烧，保证回转窑的合理温度梯度。

回转窑焙烧温度控制在 1000℃ 左右，以防止回转窑结圈。回转窑卸料端设有格筛将块料排到料堆，破碎后返回辅料堆场。热焙砂直接送到电炉厂房保温仓。回转窑排出的烟气温度为 300℃，含有大量烟尘，经电除尘器处理后排空。干燥窑和回转窑共用一套烟气脱硫装置。

4.2.4 矿热炉熔炼工艺流程

矿热炉熔炼工艺流程如图 4-4 所示。

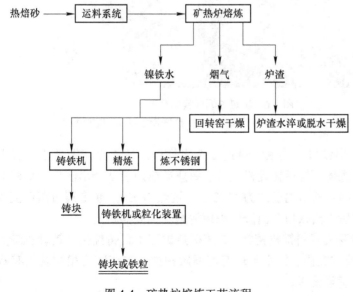

图 4-4 矿热炉熔炼工艺流程

扫一扫看更清楚

焙砂采用 2 座圆形矿热炉熔炼，每座矿热炉额定功率 22.74MW。变压器容量为 30MW，采用 3 台 10MW 单相变压器向一座矿热炉供电。

（1）矿热炉加料系统如图 4-5 所示。热焙砂由矿热炉顶上方的保温仓，通过加料管加入矿热炉。保温仓设 1 个大仓、2 个小仓，每个加料仓下设有若干加料管，共计 18 根加料管，采用阀门控制加料。加料仓带有盖板，防止热损失和烟尘损失。为了防止产生涡流，料管及电极把持器的短网以下部分，均采用不导磁不锈钢材料制成。

（2）矿热炉采用交流电，操作采用高电压、低电流模式。进入矿热炉中的热焙砂通过"电弧电阻"作用，实现电能热能转换。在提高焙砂温度的同时，焙砂中残留的碳对镍和铁的硅酸盐及氧化物进行有选择性的还原，将几乎全部的镍和部分铁还原成金属。由于渣、铁密度的差异，炉渣与镍铁上下分层，实现炉渣和镍铁的分离，最终得到含镍 15% 的粗制镍铁和炉渣。熔炼过程产生大量的高温烟气，经烟道输送供干燥筒用，矿热炉烟气流向如图 4-6 所示。

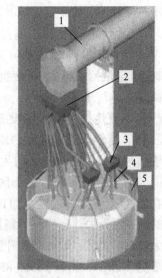

图 4-5　电炉加料系统示意图
1—回转窑；2—大保温仓；3—小保温仓；
4—加料管；5—矿热炉

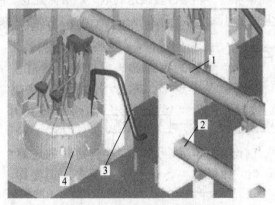

图 4-6　矿热炉烟气流向简图
1—焙烧回转窑；2—回转干燥筒；3—矿热炉烟气管；4—矿热炉

每座矿热炉设 2 个出铁口，镍铁液通过 2 个出铁口中的 1 个定期放出，流入铁水包内，铁水包由专车运到浇铸厂房用铸锭机浇铸。每座矿热炉设 2 个出渣口，炉渣通过 2 个出渣口中的 1 个定期排出，放渣温度约为 1580℃（过热 50℃），炉渣通过溜槽流入水淬渣系统。出完铁水和炉渣后，出铁口和出渣口采用泥炮和挡渣器堵上。

（3）采用双链滚轮移动式铸锭机铸锭，2 座矿热炉配 1 台铸锭机，铸锭机最大生产能力为 65t/h。铸锭机由前方支柱、铁水包、铸锭通廊构成，与铸锭机相配套的有冷却循环水池、泵房以及相关的喷浆设施。

（4）炉渣采用传统水淬系统，经过水淬渣池的高压水喷射，液态渣变成颗粒，冲入水淬池中。粒渣由抓斗起重机抓出后就地滤水堆存，再由汽车运出，出售给签约用户。池中的水经过澄清、冷却，用水泵加压后再用于水淬。

4.3 镍铁冶金主要设备

利用矿热炉生产镍铁的主要设备有：矿石处理设备（振动筛、破碎机、给料机、皮带运输机、干燥筒等）、回转窑（焙烧预还原）、矿热炉、铸铁设备（铸铁机、镍铁粒化装置）、渣水淬装置等，以及各种环保设备。本节重点介绍回转干燥筒、回转窑、矿热炉等。

4.3.1 环形烧结机

现代烧结机主要是抽风带式烧结机和环形烧结机。从生产规模和技术经济合理性考虑，环形烧结机更适合与电炉冶炼镍铁配套使用。

4.3.1.1 环形烧结机工艺流程

原料厂矿粉、返料、燃料、熔剂按比例混合，然后送混料机进行二次混匀和造球，由皮带运输机送到烧结机给料仓，完成供料工艺。传统烧结机上的铺底料装置在环形烧结机可不再使用，混好的料由布料器均匀地分布在烧结机盘面进行点火烧结，从烧结机机头布好料开始抽风烧结，到机尾（大盘末端）双辊破碎机进行破碎。通过漏斗溜到设在下层平台的热振动筛中进行筛分，不小于 5mm 的合格烧结矿通过溜槽溜到储矿槽，供电炉使用。不大于 5mm 的粉矿，通过配料皮带机进行重新配料。烧结过程产生废气，通过重力第一次除尘、双旋风第二次除尘、脉冲布袋除尘器（捕集粒径大于 0.3μm 的细小粉尘）第三次除尘后，除尘效率达到 99% 以上，再经风机投入烟囱水幕除尘后，排放大气。烧结工艺流程如图 4-7 所示。

4.3.1.2 烧结机各系统功能

烧结机各系统的功能如下：

（1）配料系统。配料系统由配料仓、圆盘给矿机、配料皮带机等组成。用装载机将矿粉、燃料、熔剂、返矿等物料装入配料室料仓内，通过圆盘给矿机将以上物料按要求比例，送到配料皮带机上，由皮带机将物料运至圆筒混料机进行混匀造球。

（2）混料制粒系统。混料系统一般由两次混合完成，一次混合主要是将从配料室来的各种物料混合均匀，再用皮带送至二次混合造球。两次混合的目的主要是为了提高球团矿质量，改善烧结过程中的透气性。将混合物最终制成 3~8mm 占 75% 的小球形混合料，再由皮带机送到布料仓进行布料，圆筒混料机具有混料范围广、能适应原料的变化、构造简单、生产可靠及生产能力大等优点。

（3）混合料布料系统。混合料布料系统主要由圆辊给料机、反射板、扇形闸门等组成。按照工艺要求，通过调节扇形闸门的开启度和圆辊给料机的转速，将混合料供到反射板上进行偏析布料，通过调节反射板的角度来得到不同的布料效果。

（4）煤气点火系统。煤气点火系统由煤气及空气调节系统、烧嘴、助燃风机、点火室等组成，煤气点火系统采用高炉煤气。点火器采用自身预热装置对助燃空气进行预热，可提高助燃空气温度 100~150℃，从而取得良好的节能效果。

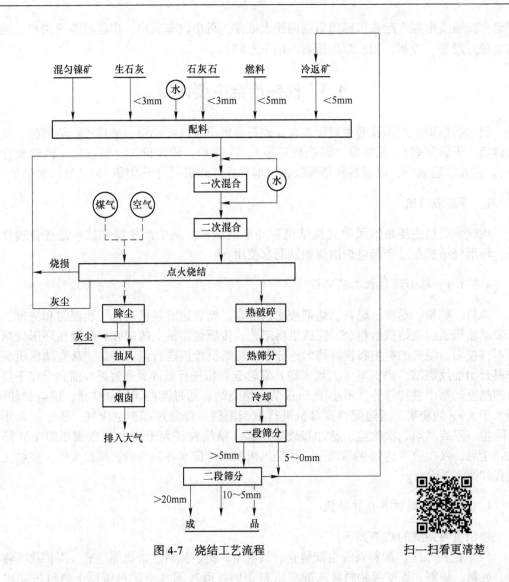

图 4-7　烧结工艺流程

扫一扫看更清楚

（5）烧结主机系统。烧结主机系统主要由传动装置、头尾端部密封、台车风箱、吸风装置、机架、落尘系统和粉尘收集系统等组成。主传动机构设在大盘下部侧方，由电动机、减速机、蜗轮减速机等组成，通过普通减速器与蜗轮减速机的配合，保障设备正常运转。卸料器采用 3kW 电动机，位于大盘尾部，独立的动力系统完成大盘卸料，台车与风箱紧密连接，没有空隙，有效地防止了漏风。

（6）烧结矿的破碎、筛分系统。双齿辊破碎机设置在烧结机的尾部，它主要负责将台车卸下的大块烧结矿破碎成小块。经双齿辊破碎机破碎后的烧结矿进行热筛分，目的是将成品和返矿分开或者提高冷却效果。不小于 5mm 的烧结矿通过溜槽到鳞板输送机再由皮带机运到储存槽内，供高炉使用。小于 5mm 的粉料经过筛下皮带机运至混料系统重新进行混合、烧结。

（7）抽风除尘系统。抽风除尘系统由降尘管、旋风除尘器、重力除尘器、水除尘器、主抽风机、管路及烟囱组成。在烧结抽风过程中产生的烟气及灰尘和抽风冷却过程中产生的废气及灰尘（灰尘为 $0.5 \sim 3g/m^3$），通过风箱进入降尘管（$\phi 50mm$ 以上）除掉，经降尘管除尘后的烟气进入重力除尘器进行二次除尘，灰尘经除尘器的卸灰阀排到运输小车上运到配料室料仓参与配料。重力除尘后的烟气通过旋风和水幕进一步除尘后，达到国家规定排放标准。

4.3.2　回转干燥筒

回转干燥筒在有色金属冶炼厂的各种物料干燥方面都有应用，主要是因为其对进出物料的含湿量有广泛的适应性。回转干燥筒的主要优点有：进料含水量可高达 $40\% \sim 50\%$，出料含水量可低至 1%；能适用于粉、块料，甚至有一定黏结性物料的干燥；干燥介质可采用烟气或热风；干燥热源可采用固、液、气体燃料及电；可连续生产，产量大，能耗低，操作稳定可靠且劳动强度低。但它也存在干燥率较低、占地面积较大等缺点。对于含水量大的红土镍矿，回转干燥筒是比较适用的。

干燥筒由筒体、传动装置、加料管、排料斗、窑尾罩、密封装置、传动装置和燃烧装置等组成。图 4-8 为单筒、顺流 $\phi 1.5m \times 12m$ 回转干燥筒总图，其中排料斗、窑尾罩密封装置、传动装置和燃烧装置等结构与回转窑相似。

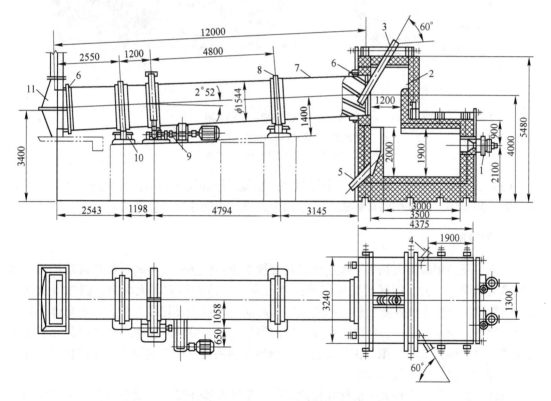

图 4-8　单筒、顺流 $\phi 1.5m \times 12m$ 回转干燥筒

1—煤气烧嘴；2—燃烧室；3—加料管；4—二次风管；5—倒料排除漏斗；6—密封装置；
7—筒体；8—滚圈；9—传动装置；10—拖轮挡轮；11—窑尾罩

（1）筒体多为直筒形，由钢板（普通钢板或锅炉钢板或耐热钢板等）焊接而成。一般钢板厚度为 10~30mm，筒体直径为 0.5~5m，筒体长度为 2~40m。用于干燥红土镍矿的干燥筒筒体尺寸一般为 φ(3~5)m×(30~40)m。例如：北海诚德镍业 φ3.4m×34m，福建鼎信实业 φ5m×40m，福建海和实业 φ3.6m×40m，中色镍业缅甸达贡山 φ5m×40m，乌克兰帕布什镍铁厂 φ3m×29m，乌克兰镍铁公司 φ3.5m×27m。

（2）抄动装置的作用是为了保证筒体转动时能充分的翻动或击碎物料，使物料在筒体横截面上尽量分布均匀，改善物料与干燥介质的接触以强化传热传质。干燥筒内的抄动装置（见图 4-9）与筒体采用焊接和螺栓连接。筒体 1 与抄板座 2 是焊接连接，抄板座与抄板 3 是螺纹连接。

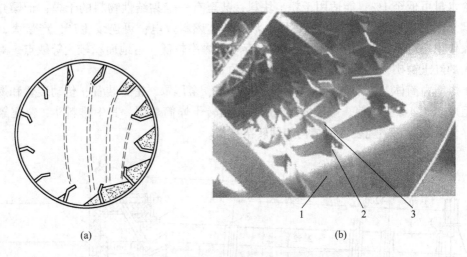

(a)　　　　　　　　　　　(b)

图 4-9　抄动装置的安装连接
(a) 抄动形成的料幕；(b) 筒体、抄板座、抄板连接
1—筒体；2—抄板座；3—抄板

（3）被干燥物料经加料管加入干燥筒中。顺流式干燥筒中的加料管与进口高温烟气直接接触，易损坏，应采用耐热铸铁。逆流式干燥筒采用钢管或铸铁管均可。

4.3.3　回转窑

火焰炉是利用高温火焰水平流过炉膛并直接对炉料传热的一种高温加热式熔炼炉，回转窑属火焰炉的一种。回转窑是回转圆筒类设备，筒体内衬有耐火材料，筒体以低速回转。通常物料与热烟气逆流换热，物料从窑的高端（冷端或窑尾端）喂入。在窑体回转工作时，因窑体倾角的原因，窑内物料在沿轴向翻滚的同时沿轴向移动的燃烧器在低端（热端或窑头端）喷入燃料，烟气由高端排出。物料在移动过程中得到加热，经过物理和化学变化，成为合格产品从低端卸出。

回转窑的生产能力很大，机械化程度很高，维护和操作简单，能适应多种工艺原料的烧结、焙烧、煅烧、挥发、离析等过程，被广泛地用于有色冶金、黑色冶金、水泥、耐火材料、化工和造纸等行业。

回转窑是利用红土镍矿生产镍铁 RK-EF 工艺的主要设备，如图 4-10 所示为某 RK-EF 镍铁生产线 φ4.85m×75m 回转窑。

图 4-10 RK-EF 镍铁生产线 φ4.85m×75m 回转窑

回转窑结构如图 4-11 所示。回转窑一般由以下几部分组成：（1）筒体与窑衬；（2）滚圈；（3）支撑装置；（4）传动装置；（5）窑头罩；（6）窑尾罩；（7）燃烧器；（8）喂料装置；（9）换热器；（10）窑头、窑尾密封装置。

扫一扫看更清楚

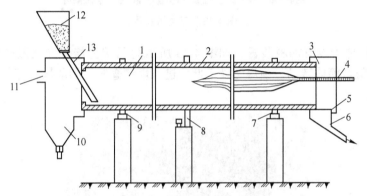

图 4-11 回转窑结构示意图

1—筒体；2—炉衬；3—窑头罩；4—燃烧器；5—条筛；6—出料口；7—滚圈；8—传动装置；
9—支撑装置；10—灰箱；11—烟尘口；12—装料装置；13—窑尾罩

4.3.3.1 筒体与窑衬

筒体通常采用 Q235-C 或 20G 钢板卷制而成，根据生产运输需要，适当分段加工制作。每段的纵焊缝在制造厂完成，各段的连接也可在现场一次焊接成型。

筒体头、尾装有护板，可在高温下有效保护筒体，使筒体寿命更长。筒体是物料完成物理与化学变化的容器，故是回转窑的基体，应该有足够的刚度和强度。通常为了提高筒体刚度，又不增加全部筒体钢板厚度，采取筒体钢板局部加厚措施，如滚圈接触部位、高温带。

窑内物料温度可达 1450℃以上，故在筒体内砌筑耐火材料（称为炉衬），以保护筒体和减少热损失。按照物料的变化过程，筒体内划分成各工作带，如烘干带、预热带、分解带、烧成带（或反应带）、冷却带等。工作带的种类和长度随物料的化学反应及处理方法而异。由于支承的需要，筒体又分成若干跨。

齿圈应置于窑中部偏后处，使齿圈的啮合少受热膨胀影响，齿圈应邻近带挡轮支承装置。

　　有的筒体上还增加了三次风装置（见图 4-12），即在筒体上带有三次风风机，用以向窑内补充适量的空气，使物料中逸出的挥发分得到充分燃烧，增强物料在煅（焙）烧前的预热，在提高产量的同时减少热耗。

图 4-12　三次风装置

　　有的还在筒体上设有加料装置，如图 4-13 所示为回转窑焙烧红土镍矿时加还原剂的"煤勺"。煤勺随着筒体转动，当煤勺处于低位进入煤槽仓时开始取煤，煤勺处于高位时开始向窑内加煤。

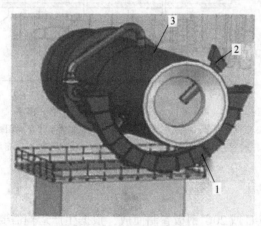

图 4-13　加还原剂的"煤勺"
1—煤槽仓；2—煤勺；3—筒体

4.3.3.2　滚圈

　　滚圈又称为领圈或轮带（见图 4-14），一般是松套在筒体上，两侧用挡块或挡环定位，以限制滚圈对筒体的轴向窜动，如图 4-15 所示。也有将滚圈和筒体做成一体的。筒体、窑衬和物料等所有回转部分的质量通过滚圈传到支承装置上，滚圈重达几十吨，是回转窑最重要的部件。

　　滚圈的截面形式有矩形和箱形。滚圈材质选用 ZG45、ZG3SiMn 等，采用调质处理，使其硬度低于托轮硬度（HB）30~40。

图 4-14　滚圈（轮带）
1—滚圈；2—筒体；3—托轮；4—垫板

　　垫板是用来将筒体载荷传递到滚圈上，使滚圈不与筒体直接接触以避免磨损，同时垫板之间的空隙增加了滚圈的散热面积。垫板的块数按其中心距为 300~400mm 而定，垫板宽度占整个圆周长的 60%~70%，垫板厚度为 30~60mm。

　　滚圈在筒体上的松套式固定方式是指滚圈内径与垫板外径间留有间隙。合理选择间隙的大小，既可以控制热应力，又可充分利用滚圈的刚性使之对筒体起加固作用。

4.3.3.3　支撑装置

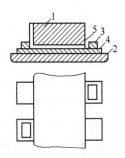

图 4-15　松套式滚圈的
垫板与挡板形式
1—滚圈；2—筒体；3—挡板；
4—挡圈；5—间隙

　　支撑装置承受着回转部分的全部质量，由一对托轮轴承组和一个大底座组成（见图 4-16）。一对托轮支撑着滚圈，既允许筒体自由转动，又向基础传递了巨大的负荷。支撑装置的套数称为窑的挡数，一般为 2~7 挡。在其中一挡或几挡支撑装置上装有挡轮（见图 4-17），挡轮用来限制或控制窑回转部分的轴向窜动。

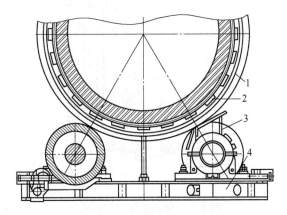

图 4-16　支撑装置结构
1—滚圈；2—垫板；3—托轮；4—底座

图 4-17　支撑装置

1—滚圈；2—垫板；3—液压挡轮；4—托轮；5—底座

4.3.3.4　传动装置

传动装置（见图 4-18）的作用是通过设在筒体中部的齿圈使筒体回转（见图 4-19）。齿圈用弹簧板固定在筒体上，弹簧板固定有两种结构：一种是切向弹簧板固定（见图 4-20）；另一种是纵向弹簧板结构（见图 4-21）。弹簧板结构能使齿圈与筒体间留有散热空间，并能减少窑体弯曲等变形对啮合精度的影响，起一定的减震缓冲作用。由于操作和维修的需要，较大的窑还设有辅助传动使窑以极低的转速转动。回转窑传动的特点是减速比大，回转窑筒体转速低，一般为 $1 \sim 1.5 \mathrm{r/min}$。随着窑体的加大，传动功率也越来越大，因此用于镍铁生产较大的回转窑都采用双传动。一般电动机功率小于 $10 \mathrm{kW}$，选单传动；电动机功率大于 $250 \mathrm{kW}$，选双传动；介于 $150 \sim 250 \mathrm{kW}$ 之间的，则视具体工况而定。

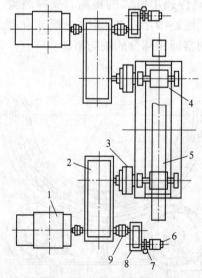

图 4-18　传动装置（双传动）

1—主电动机；2—主减速机；3—低速轴联轴器；4—齿轮；5—齿圈；
6—辅助电动机；7—制动器；8—辅助减速机；9—离合器

图 4-19 设在筒体中部的齿圈（用切向弹簧板固定）
1—齿圈罩；2—筒体；3—滚圈；4—托轮；5—切向弹簧板

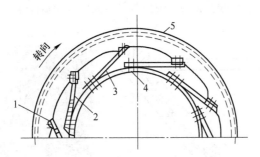

图 4-20 齿圈的切向弹簧板固定
1—螺栓；2—弹簧板；3—筒体；4—铆钉；5—齿圈

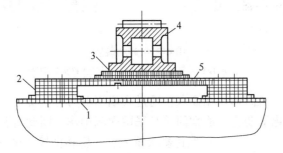

图 4-21 齿圈的纵向弹簧板固定
1—筒体；2—垫板；3—薄垫板；4—齿圈；5—弹簧板

4.3.3.5 窑头罩及燃烧器

窑头罩（见图 4-22）是连接窑头与生产流程中下道工序设备的中间体。窑头罩是回转窑出料端，下部带有用于储存焙烧料的储料仓。经过处理的物料，从回转的窑体经过固定的窑头罩排出。窑头罩内安装有固定筛板，筛出不合格粒度产品。筛板是由一组组合筛条安装在一起的。窑头罩内安装有卸料装置（见图 4-23），卸料不同于进料端，采用了双层汽缸。卸料时分别开启汽缸进行出料，防止高温烟气逸出。

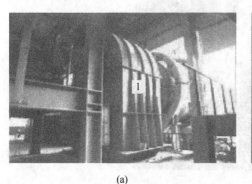
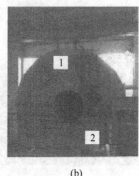
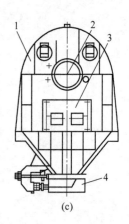

（a）　　　　　　　　　（b）　　　　　　　　（c）

图 4-22　窑头罩
（a）装有燃烧器；（b）未装燃烧器；（c）窑头结构图
1—窑头罩；2—燃烧器孔；3—人孔；4—卸料装置

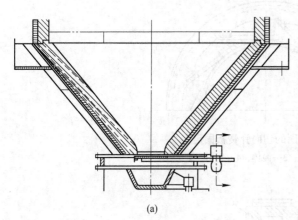
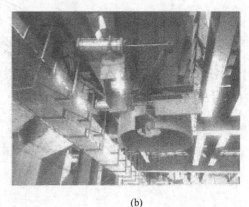

（a）　　　　　　　　　　　　　　（b）

图 4-23　卸料装置
（a）卸料装置示意图；（b）卸料装置实物图

　　回转窑的燃烧器多从筒体热端插入，通过火焰辐射与对流传热将物料加热到足够的温度，使其完成物理和化学变化。通常回转窑采用逆流操作，因此窑头罩设有燃烧器或热风孔，燃烧所需的空气（一、二次）经过窑头罩入窑。回转窑操作者通过窑头罩上的看火孔观察炉况。窑头罩上还设有检修人孔门，窑头罩与筒体之间设有窑头密封装置。窑头罩内砌耐火砖或浇注耐火混凝土，窑头罩上还装有防爆装置。

　　进入窑内检修设备及窑衬砌筑等工作，必须经过窑头罩。窑头罩上虽然设有检查门，但检查门较小，进出不便。故在中、小型窑的窑头罩上安装有车轮，使窑头罩可以整体拉开（见图 4-24）；大型窑的窑头罩很重，整体拉开非常困难，则在其上开有很大的面式窑门。

　　回转窑常用的燃料有煤粉、煤气、天然气和重油，应根据不同的燃料选用相应的燃烧器。图 4-25 是某 RK-EF 镍铁生产线 φ4.85m×75m 回转窑燃烧器，该燃烧器为六通道复合燃烧器，六通道从中心依次向外为：（1）点火枪、火焰监测器通道；（2）天然气通道；（3）一次风通道；（4）煤粉通道；（5）矿热炉炉顶煤气通道；（6）二次风通道。外环为

图 4-24 移动式窑头罩

耐火浇注料和耐热钢套。三种燃料有天然气、粉煤和矿热炉炉顶煤气。通过一、二次风的作用和收尘排烟机的抽力作用，在回转窑中和三种炉料进行逆流热交换，从而实现红土镍矿在窑内的预还原焙烧。天然气主要在冷态开窑、检修时使用，并作为粉煤燃烧时的稳定剂；炉顶煤气在窑内正常作业时首先保证使用完为前提，供热不足部分再用粉煤补充。喷煤管的入窑位置可以前后移动，并能上下左右摆动，控制点火处于不同位置，适应正常操作、烧结圈等不同条件的需要。

图 4-25 燃烧器

4.3.3.6 窑尾罩及喂料装置

窑尾罩是连接窑尾与生产流程中的其他设施的中间体。窑尾是回转窑入料端，为回转窑提供原料。根据物料入窑形态的不同选用不同的喂料设备，红土镍矿的喂入一般选用溜管喂入，窑的喂料装置、储料仓和烟气排放口等装设在窑尾罩上。在筒体前段安装一个挡料板，防止物料倒回窑尾罩。窑尾罩与筒体之间有窑尾密封装置，原料和循环窑灰经喂料装置进入窑内。为防止尾气的高温损伤，喂料管是由一根耐热铸钢材料制造而成。窑尾下部设置的储料仓，用于漏出的炉料和烟尘粗粒沉降和排出。

4.3.3.7　窑头、窑尾密封装置

回转窑一般是在负压下进行操作。在回转的筒体等部件有固定的连接装置，如窑头罩、尾罩之间，不可避免的存在缝隙。为防止外界空气被吸入窑内及其某些部位（如窑头罩），防止窑内空气携带物料外泄，必须有密封装置。另外，还有结构冷却装置，起到密封保护的效果，用于窑头护具的强制冷却。通过周向均布的风嘴实现均匀冷却。

4.3.3.8　换热器

作为热工设备的回转窑，加强其换热效果对提高产量、降低热耗至关重要。因此，在窑内设有换热器以增强热交换效果。

在一些湿法喂料的窑中，蒸发水的热量占很大比重，这部分热量的交换集中在烘干带和预热带。通常在烘干带和预热带设置换热器。换热器一般分成许多小格，使每个格内都有物料，格子板的传热面积间接地将气流的热量传给物料，利用格子板的扬料作用，使物料分布在整个窑截面上，实现悬浮状态下物料与气流的直接热交换。因此，设置换热器可充分地从热气体中回收热量，迅速蒸发物料水分，提高物料温度。筒内换热器有各种形式，如链条式换热器、格板式换热器等。

4.3.4　矿热炉

电炉是一种利用电热效应所产生的热量来进行加工物料的设备。按电能转变成热能的方式不同，电炉可分为电阻炉、电弧炉、感应炉、电子束炉和等离子炉五大类。电弧炉的热源产生于电极间或电极与物料间所形成的电弧。电弧炉可分为直接作用电弧炉（电弧发生在电极和被融化的炉料之间）、间接作用电弧炉（电弧发生在两根专用的电极棒之间）和电弧电阻炉（又称为矿热电炉，即矿热炉）。矿热炉是一种将电极插入炉料或液态熔融体中，依靠电极与熔渣交界面上形成的微电弧与熔体电阻的双重作用，使电能转换为热能的电热设备。矿热炉主要用于还原冶炼矿石。其生产特点是采用碳质（或镁质）耐火材料作炉衬，在炉料中加入碳质还原剂及熔剂，使用自焙电极，电极插入炉料里实行埋弧、遮弧操作，陆续加料，间歇式出铁（渣）。

4.3.4.1　矿热炉类型

目前矿热炉向着大型化（大功率）、密闭和炉体旋转等方向发展。根据矿热炉设备的特点可以分为几种类型：（1）矿热炉按容量大小可分成大、中、小三类。我国习惯划分：炉用变压器小于 5000kW 的为小容量电炉，炉用变压器小于 10000kW 的为中容量电炉，炉用变压器大于 10000kW 的为大容量电炉。（2）按电极相数、根数及布置形式，分成单相一根电极电炉、单相两根电极电炉；三相三根电极等边三角形布置的圆形电炉、三相六根电极圆形电炉、三相六根电极按“一”字形排列的矩形电炉（或扁椭圆形）等。（3）按炉体结构分为固定式电炉、旋转式电炉。（4）按烟罩或炉盖设置形式分为高烟罩敞口式电炉、矮烟罩敞口式电炉、矮烟罩半封闭式电炉、矮烟罩全封闭式电炉。

敞口式电炉具有结构简单、投资小、易维护等优点，但劳动条件差，不利于消烟除尘、污染环境严重。全封闭式电炉劳动强度小、能回收电炉煤气，但电炉结构比较复杂，难以操作和维修，尤其对入炉原料要求比较严格，建设费用较高。对于有些品种或采用小型电炉冶炼而不能实行封闭式操作时，为了减少净化处理炉气量，保护环境，并回收炉气中的余热，则采用矮烟罩半封闭式电炉。

目前我国新建的用于镍铁生产的电炉，均采用矮烟罩半封闭式或全封闭式大电炉，普遍采用电炉功率 25~36MW，最大的已达 60MW，几乎淘汰了高烟罩敞口式小电炉，更大功率的电炉还在探索之中。世界上最大的镍铁电炉功率已达到 120MW，操作电压高达 1300V 甚至更高，埋弧操作向遮弧操作模式发展，在不增加炉膛面积和电极直径的情况下大大提高了炉子功率，改善炉子寿命和技术经济指标。

矿热炉主要由炉体、供电系统、电极系统、烟罩或炉盖、炉体旋转系统、加料系统、水冷系统、排烟系统和控制系统等组成。

4.3.4.2 炉体及炉衬

炉体是由一定厚度的钢板（如锅炉钢板）制造的炉壳和耐火材料炉衬构成。根据电极的配置情况来确定炉体的形状，一般炉体有圆形和矩形（或扁椭圆形）两种类型。普遍采用的是圆形炉体，其优点是结构紧凑，短网的布置也较容易做到合理，容易制造。大中型电炉炉壳采用 16~25mm 厚的锅炉钢板制成。

旋转式炉体是指炉体可绕垂直轴线按 360° 转或按 120° 往复旋转。炉体旋转的目的是松动炉料，增加透气性，扩大坩埚区，减少捣炉操作，延长炉衬使用寿命。炉体旋转速度的选择是很重要的，合适的旋转速度既要使电极保持垂直和必要的插入深度，又使电极不至受到过大的侧向压力。最佳转速常要通过实践来确定，一般为每 30~240h 旋转 360°，大型电炉采用每 200~600h 转一周，即旋转 360°。

一般在渣线以下的炉衬和炉底接触铁水部分，用碳质耐火材料或镁质耐火材料，其他部位用高铝质或黏土质耐火材料，靠近炉壳部位用隔热材料。

4.3.4.3 电极系统

电极系统由电极、电极把持器、电极压放装置和电极升降装置组成。

A 电极

电极是把电能转换为热能的载体，随着矿热炉容量的大型化，电极几何尺寸在不断增大，最大电极直径已达 2m，电极工作端长度可达 4m 以上，总质量达到 65t，通过的电流强度超过 150kA。因此，电极必须具有较高的导电系数和机械强度，在高温下应具有一定的抗氧化能力。用于红土镍矿冶炼的电炉电极，通常采用连续自焙电极，它由电极壳（1.25~4mm 钢板焊接而成）和在壳内充填的电极糊（由无烟煤、焦炭、沥青和焦油混合制成）组成。自焙电极是在生产过程中自动将电极糊焙烧硬化而成（见图 4-26）。

a 电极壳

电极壳是由薄钢制成的圆筒，作为电极糊焙烧的模子，并能提高电极的机械强度，当电极未烧结好时能承受大部分电流。为了提高电极的机械强度和分担电极壳上可能承受更大的电流，在电极壳内等距并连续焊接若干个筋片，筋片上做成切口，形成小三角形。制好的电极壳如图 4-27 所示。电极壳内焊接筋片，能增加电极壳与碳质材料的接触面。因为只有铜瓦下半部的自焙电极才是烧结好的，而未烧结好的导电性很差，要通过外壳和筋片导电。同时筋片也增加电极的机械强度，这是因为电极筒的立筋和横断面积使电极壳和电极糊结合得更牢。

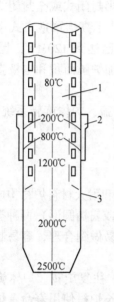
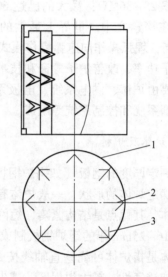

图 4-26　自焙电极过程　　　　图 4-27　电极壳示意图
1—电极糊；2—铜瓦；3—炉料　　　1—电极壳；2—筋片；3—三角形舌片

b　电极糊

制造电极糊的原料由固体炭素材料和黏结材料组成，电极糊质量的好坏与材料配方及工艺有关。固体材料有无烟煤、冶金焦、石油焦、沥青焦及石墨电极碎屑。无烟煤致密，含碳量高，挥发分少，价格低廉，加入无烟煤可提高电极的导电性和导热性。黏结材料有沥青和焦油，加入焦油是为了调整软化点。电极糊中的黏结剂在烧结过程中分解排出挥发物，残碳转变为紧固的焦炭网，起焦结作用，使电极成为坚硬的整体。

c　自焙电极的焙烧

在冶炼过程中，电极不断消耗而逐渐下放，电极糊温度不断升高排出挥发物，最后完成烧结过程。电极糊在烧结过程中需要的热量来自电流通过电极本身所产生的电阻热，电极热端向上的传导热、炉口的辐射热和气流的传导热三个方面。三种热源中电流通过电极产生的电阻热是主要的，电极焙烧主要是靠电阻热来完成的。全封闭炉则不同，几乎没有第三种热源，所以电极糊的固体料要用导电性和导热性好的石油焦、沥青焦和碎石墨电极块，并控制较低的软化点，借以提高烧结速度。

由电极糊的性质，结合电极焙烧热源可测出电极上的温度分布，如图 4-28 所示。由电极糊性质随温度变化情况，结合电极在炉子上的温度分布，可知自焙电极的焙烧过程可分为以下几个阶段。

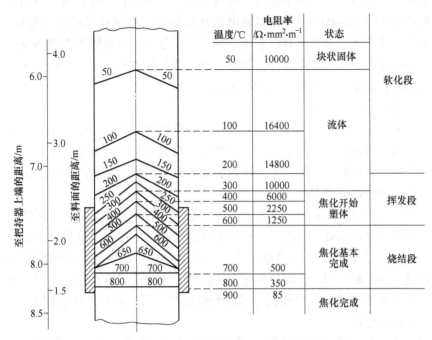

温度/℃	电阻率/Ω·mm²·m⁻¹	状态
50	10000	块状固体
100	16400	流体
200	14800	
300	10000	
400	6000	焦化开始塑体
500	2250	
600	1250	
700	500	焦化基本完成
800	350	
900	85	焦化完成

图 4-28　直径 900mm 自焙电极的焙烧情况

扫一扫看更清楚

（1）软化段：温度由室温升至 300℃，电极糊由块状逐渐熔化至全部成为液态。在铜瓦上沿温度为 100~200℃ 的区域，电极糊开始软化呈塑性，此区间内仅其中的水分和低沸点的成分开始挥发。该处的温度可通过电极把持筒上部装设的通风机来调节，是为了保证寒冷季可向电极把持筒内送热风。

（2）挥发段：铜瓦部位为电极烧结带，温度为 200~800℃。电流通过电极壳和肋片加热电极糊，使挥发分逸出，电极糊转变成具有一定强度的导电体。温度由 200℃ 升至 600℃ 的区间内，熔化电极糊中的黏结剂全部开始分解、气化，排出挥发物，尤其在 400℃ 左右时进行得最为激烈，电极糊由熔融态逐渐变为固态。一部分碳氢化合物在糊柱的压力下残留在电极糊中，形成热解碳。电极下放速度慢或矿热炉长时间超负荷运行会造成电极过烧，使烧结带高于铜瓦，严重时会使电极壳变形、电极直径增大，以至于电极无法正常下放。

（3）烧结段：温度由 600℃ 升至 800℃，在此期间少量的残余挥发物继续排出，经过 4~8h，当电极从铜瓦中出来后电极烧结基本结束。铜瓦以下至电极工作端部温度继续升高，电极壳熔化或氧化脱落。电极内部温度可以达到 2000℃ 以上。电极端部是炉内温度最高的区域，也是化学反应最激烈的部位，碳质电极参与化学反应是电极消耗的主要原因。为保证工作端长度，电极焙烧速度应与电极消耗相适应。

经过以上三阶段正常程序的焙烧，电极由块状电极糊逐渐烧结成能够正常使用的焙烧良好的自焙电极。

d　自焙电极的接长和下放

在冶炼过程中电极不断消耗和下放，需及时接长电极壳和添加电极糊。新装上的电极壳要插入原有的电极壳上,并保持上下两节垂直,而且筋片需完全吻合对齐,筋片与筋片焊接。控制电极糊粒度宜为100~150mm,否则会出现悬糊事故。添加量应按规定确定,糊柱高度的控制量是与炉子容量、电极直径的大小、炉子工作条件、电极糊的性质和生产季节变化有关,但主要决定于电极直径的大小。填好电极糊后盖好木制盖子,以防落入灰尘。加入的电极糊必须保证质量,不许带入杂质和杂物。

　　e　自焙电极事故及其处理

　　自焙电极事故主要有电极糊悬料、漏糊、软断和硬断。电极糊块过大,使糊柱内出现较大空间,这种现象称为电极的悬料。其主要原因是糊柱上部温度低,电极糊块大或夹在两筋片之间而绷住,使电极糊不能熔化下沉。处理方法是对封闭炉用木棒敲击电极,促使悬料下落,或用重锤从电极壳内砸落悬料。

　　漏糊是液态电极糊从电极壳损坏处流出。其主要原因是电极壳焊接质量不好使焊缝裂开,或铜瓦与电极壳局部接触从而烧坏电极壳,或放电极时未降低负荷或因电极下滑超过了允许下放长度,使电极壳承受过量负荷而被烧穿。处理方法是立即停电,找出漏糊部位,当漏处孔不大和流糊不多时,用石棉绳等物堵塞住孔洞,并将孔洞压在铜瓦内,送电并慢慢升温。如孔洞不大无法堵塞时,待糊流尽将孔洞铁皮补焊好,并尽量压在铜瓦内,随后补加电极糊,重新焙烧电极。

　　电极在未烧结好的部位发生断裂称为软断。发生软断应立即停电,如电极糊流出不多,可下坐电极使断口压在一起,然后焊好铁皮箍,并尽量使断口压在铜瓦内,改用低电压造成死相焙烧。如不能压接可取出电极断头,另焊一个新底,重新焙烧此相电极。

　　硬断是已烧结好的正常工作电极发生折断;产生的原因主要是电极糊中混入杂质或电极糊在焙烧过程中粗细颗粒分层从而降低了电极强度,电极配方不当,电极的材质不好,耐急冷急热性差,停炉后电极上下冷却速度不同而产生应力,使电极产生裂纹。发生硬断应立即停电,如果断头较长,应取出断头,根据电极烧结状况和铜瓦下面电极长度,适当下放电极,然后采用死相焙烧的方法处理。如断头较短,难以取出,尤其是封闭炉,可压下断头,使其自然消耗于炉内,适当下放电极,送电并缓慢升高负荷。

　　B　电极把持器

　　把持器的主要作用是将矿热炉短网(狭义)供电经过被夹紧在电极壳外表面上的铜瓦(导电原件),或经过夹紧在电极壳外筋片的接触装置传到电极上。其结构既要保证电流导向电极时电损失最小,还要保证压放电极方便。它由导电原件、夹紧装置和把持筒等组成。通常将把持器伸进炉盖或矮烟罩内,并以导向水套进行密封。各部件均在高温和强磁场条件下工作,应具有充分的循环水冷却和较好的防磁性能。目前,用于镍铁冶炼的大型矿热炉均采用波纹管式把持器和组合式把持器。

　　C　电极压放装置

　　在冶炼过程中,自焙电极不断消耗,电极工作端长度不断缩短,所以电极需要补充以保证工艺要求的工作端长度,也要定时下放电极,使电极相对把持器下移。电极压放装置有多种结构形式,常采用的有钢带式、闸块式、气囊式和用于组合把持器的液压夹钳式四种抱闸。其中钢带式、闸块式和液压夹钳式为机械抱紧,液压松开;气囊式为充气抱紧,排气松开。

D 电极升降装置

在冶炼过程中，生产工艺要求电极具有升降功能，以便调整电极电弧长度和电极插入炉料、熔池深度，达到调整操作电阻的目的。电极升降装置一般通过卷扬机或液压油缸来提升或下降电极以改变电极的位置，大型电炉普遍采用液压缸传动。

4.3.4.4 烟罩或炉盖

A 烟罩

烟罩是捕集并导出烟气的装置，分为高烟罩、矮烟罩和半封闭烟罩。高烟罩多用于敞口电炉，为吊挂式钢制结构，烟罩下沿与炉口操作平台之间留出环形空间，装设帘幕或水冷活动门，供炉口操作用。现代电炉普遍采用矮烟罩或半封闭烟罩，这两种烟罩既可吊挂在顶部平台上，也可支撑在操作平台上。半封闭烟罩侧部设置3个或6个可调节启闭度的炉门可供炉门加料、拔料及捣炉操作，同时还可控制冷空气进入量，调节炉气温度，有组织地收尘和余热利用。

B 炉盖

炉盖是全封闭式电炉上收集并导出煤气的密封装置，炉盖上布有若干加料管和带盖的窥视、检修和防爆孔。炉盖侧壁设有检修门，供检修和取出折断的电极头用，常用的炉盖结构形式有水冷金属骨架、耐热混凝土混合结构和全金属结构两种。为减少涡流和磁滞损失，在靠近电极区域采用防磁材料制作。图4-29所示为密闭炉盖结构。在炉盖上有6个检查孔，13个安全阀（防爆孔），9个温度计孔，2个炉气排出口，3个炉气返回口和3个电极插入口。

4.3.4.5 加料系统

加料系统是间歇或连续地向电炉内补给炉料的装置，包括炉顶料仓、给料机、加料管、流槽等。通常敞口电炉采用旋转料管式或料斗式加料机直接加料入炉；半封闭式电炉以料管加料为主、辅以加料机加料；全封闭式电炉则全用料管加料兼布料。位于电炉中心三角区和靠近大电流导体的料管采用防磁材料制作。封闭电炉的料管在上半段应设不小于800mm长的绝缘段，以防通过炉料造成电气接地短路。图4-30所示为8148MW矿热炉加

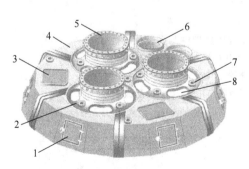

图4-29 密闭炉盖结构

1—检修门；2—水冷套；3—窥视、检修孔；
4—扇形炉盖；5—电极密封装置；6—烟气孔；
7—防爆孔；8—下料孔

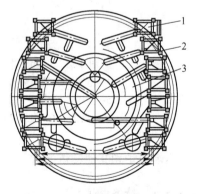

图4-30 8148MW 矿热炉
加料系统俯视图

1—炉顶料仓；2—加料管；3—炉盖

料系统俯视图。半封闭式还原电炉常以料管加料为主，辅以加料机配合加料，一般炉内设料管 4~10 根，炉外设料管 2~3 根。全封闭式电炉则全用料管加料并布料，根据炉容的大小，料管的数量可有 10~15 根。料管出口端通常为水冷结构，伸入炉内的应具有一定的可调范围，以控制料面的合理布料。

4.3.4.6　液压系统和供电系统

液压系统是电极升降、压放和把持器等的动力源。与机械传动相比，液压传动具有以下优点：在同样的功率下，液压传动装置质量轻，结构紧凑，惯性小；运动平衡，便于实现频繁而平稳的换向，易于吸收冲击力，防止过载；能够实现较大范围的无级变速。

三相三电极三角形排列矿热炉供电系统及装置如图 4-31 所示。其供电系统为：电网→高压电缆→母线→高压隔离开关→高压断路器→电炉变压器→短网电极→电炉。装置包括：高压开关设备、电炉变压器、短网、电控系统、无功功率补偿及高次谐波滤波装置等。

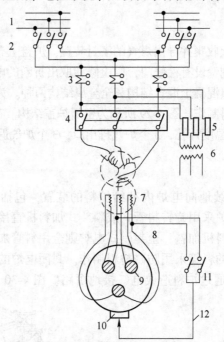

图 4-31　三相三电极三角形排列矿热炉供电系统及装置
1—电网；2—高压隔离开关；3—测量用电流互感器；4—高压开关；
5—高压熔断器；6—测量用电压互感器；7—电炉变压器；8—短网；
9—电极；10—出炉口；11—烧穿系统隔离开关；12—烧穿器母线

4.3.5　精炼电炉和其他精炼装置

4.3.5.1　精炼电炉

精炼电炉具有双重功能，与还原性埋弧电炉匹配熔炼镍铁合金时，具有氧化脱碳、脱硅、脱磷等精炼功能，也具有提高产品品位的功能；与其他精炼设施如转炉、AOD 炉、VOD 炉等匹配时，具有初炼功能，可以生产高牌号镍铁甚至不锈钢产品。

精炼电炉炉型为炉盖旋开顶装、热装炉料，出铁槽出铁。电炉机械设备包括炉壳、炉盖、炉盖提升和旋转机构、炉体倾动机构、电极升降机械、大电流线路、液压系统、冷却水系统，其辅助设备有电炉加料装置、电极接长装置、炉前操作平台、供氧装置等。

A 炉壳

炉壳总体结构采用连体式，可整体吊装。炉壳材质采用 Q235A，由炉壳、炉门、炉门机构和出铁槽组成。炉壳是由圆筒形炉身和圆锥台炉底焊接而成，分为上、下炉壳。上炉壳为圆柱形，采用耐火内衬，顶部有沙封槽。当炉盖降落炉体上时，该沙封槽可起密封作用，以减少炉气外逸。炉壳下部外侧设有定位孔，用以与倾动架连接，炉体上有牢固的吊耳，可使其整体吊出或安装。下炉壳内打结耐火材料，形成熔池。炉壳上部设置足够高的水冷层，内置进水回水冷却管；还设置炉门开闭油缸的双作用液压缸。炉壳外圆适当位置开设通气孔。

B 炉盖

炉盖由大炉盖圈和中心小炉盖组成。大炉盖圈由水冷密盘无缝管焊接而成。中心小炉盖为高温强度好的一级高铝质耐热预制件，上面开有 3 个电极孔和 1 个加料孔。炉盖拱高约为 700mm。

C 炉盖提升和旋转机构

炉盖提升和旋转机构由旋转架、炉盖提升液压缸、传动装置、同步轴、炉盖旋转支撑装置、旋转锁定装置、支撑导轮、旋转轨道、旋转液压缸以及定位装置等部件组成。

旋转架采用 Q235A 钢板焊成，用以支撑工作平台，以便操作人员更换电极和维修设备。电极升降立柱的导向轮也安装在旋转架上，旋转架具有足够的热态强度和刚度，它的下部安排两组导轮，使其可在弧形轨道上运动。旋转轨道使用 45 钢，其表面经淬火处理。

炉盖提升机构的两个液压缸及传动装置皆安装在旋转架上。传动装置的连接部件为整体加工，确保连接可靠；同步轴可使炉盖提升运动同步；液压系统中采用液压锁，以保证炉盖处于提升行程中的任意位置，炉盖旋转与炉盖提升具有联锁关系。当旋转架旋回、炉盖回到炉体上后，旋转锁定装置将旋转架和倾动架锁紧。当炉盖提升时，旋转锁定装置带动锁定销从倾动平台定位孔中拔出，锁定解除。

炉盖旋开机构采用旋转中心轴承形式，以承受炉盖提升及旋转运动所产生的静载及动载，消除由于制造及安装误差在旋转轴上产生的附加弯矩。一套支承滚轮安装在旋转架的底部，在倾动平台导轨上运动。该装置在旋转液压缸的驱动下，可将炉盖及提升旋转机构平稳地旋开或旋回，其旋开角度至 76°，保证装料及炉体吊出方便。

D 炉体倾动机构

炉子倾动装置由倾动摇架及平台、基座、倾动液压缸等部件组成。倾动摇架及平台由钢板焊成，材质为 Q235A。炉体倾动架为加强型，以便为扩容创造条件。

炉壳通过销轴与其连接。倾动液压缸的上端通过关节轴承和摇架上的支座相连，下端也通过关节轴承与基础上的支座相连，这样可以保证炉子倾炉动作时消除由于安装误差所产生的倾向力。倾动液压缸时，柱塞缸给液抬起，依靠自重回位。

倾动平台下部连接两个倾动摇架，其下表面有止动销，止动销在炉子倾动时，准确地插入基座上表面的销孔内，以保证倾动过程中倾角的准确和无不平滑动。倾动摇架的倾动半径，使炉子的重心在倾动过程中始终处于倾动中心的后面，使炉子回倾更容易。倾动平台上设有 4 个炉壳定位销，便于将炉壳固定在倾动平台上。当倾动平台处于水平位置时，通过水平锁定装置将其锁住。

E　电极升降机构

电极升降机构含有电极横臂和电极立柱装置两大部分。电极横臂采用铜钢复合全水冷导电横臂，导电块采用铬青铜，3 根铜钢复合导电横臂均为箱式结构，并进行强制水冷，以保证足够的热态强度及刚度。电极的夹紧装置置于横臂中，为后置式，三相可自由互换，具有良好的工作环境，利用碟簧夹紧，液压缸放松，工作可靠，维护调整极为方便，每相横臂与立柱间均设置绝缘。同时，电极抱圈的绝缘面进行陶瓷喷涂处理，相间具有良好绝缘保护，热态工作下绝缘十分可靠。立柱与横臂的连接方式为螺栓连接，横臂可在装配位置进行微量调整，以保证三相电极的正确位置。

电极立柱装置包括电极立柱、立柱导向轮装置和电极升降液压缸，同时还有立柱与横臂连接的全部绝缘件、紧固件、设备本体水路管线及管件等。电极升降立柱材质采用 Q235A，立柱导轨采用 45 钢并经淬火处理以提高其使用寿命。横臂进出水管管头应充分满足安装、使用、更换、插装时的便捷性。

F　其他装置及系统

大电流线路是变压器二次侧出线铜管以后，由补偿器组、穿墙铜管组、水冷铜管、大截面水冷电缆、导电横臂及石墨电极等组成。

液压系统包括：供液动力源电机、恒压柱塞泵、循环冷却系统、不锈钢材质油箱及相关液压附件；各控制回路的滤油器、调压回路、电极升降回路、电极夹紧放松回路和炉盖升降装置回路的控制阀件；蓄能器有平稳液压压力作用，当突发事故停电时，可提升电极和炉盖。液压系统由两台恒压柱塞泵、蓄能器、集液箱及控制阀等组成，采用水-乙醇作介质。

电炉冷却水由水泵站供水。电炉冷却水系统包括水冷炉盖圈、炉体、短网铜管、电缆、横臂、电极夹头、变压器油水冷却器、液压站冷却水。炉前操作平车，车上可放置各种炉料，在冶炼过程中操作人员在车上进行冶炼操作。

电炉加料装置由料仓、称量斗、振动给料器、皮带运输机、溜管组成，主要用于精炼过程中向炉内加入固体原料、各种辅助料及合金料。

4.3.5.2　其他精炼装置

A　吹氧转炉

吹氧转炉可作为精炼设备与高炉、埋弧电炉、明弧电炉或感应炉匹配，生产较高品位的纯净镍（铬）铁合金或低碳不锈钢产品。以顶吹氧气为主，底吹氧作载体吹入熔剂为辅。顶吹氧气配合底吹非氧化性气体氮或氩为载体吹入熔剂的顶底复吹转炉，对于高镍铬铁乃至低碳不锈钢的精炼效果尤佳。

B　氩氧炉（AOD）

AOD 炉形似转炉，其炉体由炉底、炉身、炉帽组成。和转炉一样，AOD 炉可与高炉、电炉、感应炉等初炼炉匹配精炼不锈钢母料或产品，冶炼时间较短，无外加热源，运行经济有效，且设备系统投入低于转炉。

C 真空吹氧脱碳法（VOD）

通过真空下包底吹氩搅拌、包内液面吹氧脱碳的 VOD 法对于精炼处理超低碳、高纯度不锈钢产品效果显著。针对不锈钢产品或母料（高镍铬铁水）在熔炼过程中的脱碳保铬要求发展起来的炉外精炼方法很多，各种方法的基本原理均是从降低系统 CO 分压出发，考虑技术可行性、经济合理性、因地制宜和互补性原则，并逐步由单一用途的精炼方法向多用途方向发展。如 RH、VAD 法在真空室设置氧枪，而 LF 法设置吹氧工位就可精炼不锈钢类。

4.3.6 矿热炉镍铁冶金实例

4.3.6.1 实例 1

A 生产原料、还原剂和熔剂

将不锈钢生产车间返回的烟尘、酸洗泥、打磨屑等物料配置成球团矿作为冶炼镍铬铁的主料。球团矿的化学成分和物理性质见表 4-2 和表 4-3。

表 4-2 球团矿的化学成分 （质量分数/%）

项目	$w(NiO)$	$w(Cr_2O_3)$	$w(Fe_2O_3)$	$w(SiO_2)$	$w(CaO)$	$w(P_2O_5)$	$w(SO_2)$
成分	2.89	15.08	38.88	3.22	15.54	0.05	0.08

表 4-3 球团矿主要氧化物的物理性质

项目	NiO	Cr_2O_3	Fe_2O_3	SiO_2	CaO
熔点/℃	1757	1900	1400	1720	2470
密度/g·cm^{-3}	2.32	5.21	5.92	2.35	3.32

由表 4-3 可见，各种氧化物单独存在时，其熔点均较高。实际测定，球团矿的熔点为 1304~1378℃。球团矿熔渣密度也小于镍铬铁的密度，故有利于冶炼时渣铁分离。

使用焦料和碳化硅作还原剂，采用硅石和萤石作熔剂。

B 电炉设备主要特点

27MV·A 电炉为固定式半封闭矮烟罩，电极为全液压控制，电炉采用 3 台 9000kV·A 单相电炉变压器供电。

（1）电极系统采用压力把持器。压力环内径向设置波纹膨胀管，可实现一对一的径向顶紧铜瓦，以保证铜瓦与电极间压力均匀，不易产生偏流，有利于提高铜瓦使用寿命和减少电极事故发生。波纹膨胀管内压力可在 0~50MPa 间调节，实现电极带电压放控制。电极升降采用液压吊缸升降装置，电极压放采用液压机械双抱闸装置。对电极的抱紧力靠碟形弹簧弹力；松开电极时则由液压力克服弹簧力。压放电极使用自动程序压放和手动压放两种方式。

（2）烟罩和排烟系统。烟罩做成六边形，设置 3 个大门，供捣炉和推料用。烟罩侧捣制高铝耐火浇注料。骨架和顶盖均为水冷，其上也捣制高铝耐火浇注料。电极三角区采用 1Cr18Ni9Ti 不锈钢制造。烟罩设置两根烟气导出管，烟气通过冷却降温后进入布袋除尘器净化，达标后排空。

（3）电炉加料系统。每座电炉设置 12 个炉顶料仓，料仓上设有下料位指示装置。每个料仓下接一个加料管，料管中段设有液压闸门控制下料。炉内料管下部通水冷却，穿越短网部分料管采用不锈钢制作。

（4）电炉短网。电炉短网为管式水冷短网，软连接部分为水冷电缆。同时，短网、电极上的导电铜管以及铜瓦可组成一个冷却水回路。短网铜管外均包有绝缘层，防止短网短路事故发生。

（5）水冷系统。电炉采用软化水循环冷却，使冷却部件不结垢，延长了冷却部件的使用寿命，减少了热停炉。电炉水冷系统由分水器、冷却水支路和回水箱组成，在每个冷却水支路的回水箱上均设置流量和温度指示器，可远程发送流量和温度数值。

电炉车间设有液压站和电炉控制系统等。每台电炉设置 3 台轨道式捣炉机，1 台开堵口机等。

C　生产工艺

将球团矿、还原剂和熔剂混制并由料罐加入到环形加料机，再加入炉顶料仓，通过料仓下部加料管导入炉内，间断加料定时出铁。液态金属（镍铬铁合金）与炉料经分渣器分离后，通过链式铸铁机浇铸成锭，炉渣流入渣盘，冷却后运至渣场处理。成品金属锭经计量、检验后，包装，外运。冶炼过程初期，球团中 NiO 在 750℃时，已有显著还原，其基本反应为：

$$NiO + C \Longrightarrow Ni + CO \qquad (4-1)$$

在 900~1100℃时，Ni 的还原反应进行得很充分。当 Si 存在时，总的反应是：

$$3NiO + Si + C \Longrightarrow 3Ni + SiO_2 + CO \qquad (4-2)$$

镍与铁可形成连续固溶体，液态时两种元素有无限互溶性，从而可促进还原反应。可见，冶炼初期，镍被充分还原，还原率可达 90% 左右。

球团矿中的 FeO 和 Cr_2O_3 与 C 反应如下：

$$3(FeO \cdot Cr_2O_3)Cr_2O_3 + 3C \Longrightarrow 3Cr_2O_3 + 3Fe + 3CO \qquad (4-3)$$

$$Cr_2O_3 + 3C \Longrightarrow 2Cr + 3CO \qquad (4-4)$$

当有 Si 存在时：

$$Fe_2O_3 + Si + C \Longrightarrow SiO_2 + 2Fe + CO \qquad (4-5)$$

$$Cr_2O_3 + Si + C \Longrightarrow 2Cr + SiO_2 + CO \qquad (4-6)$$

球团矿中的 FeO 和 Cr_2O_3，经还原剂作用先生成铁，然后才是 Cr_2O_3 被还原。还原电炉的工作温度可达 2000℃ 左右，故铬和铁均能得以充分还原，前者还原率可达 85% 以上，后者还原率可达 95% 以上。

4.3.6.2　实例 2

A　生产原料

用氧化镍生产镍铁，矿物类型为硅镁型镍矿，伴生有铁、钴和铬。矿石经过破碎和筛分，将低品位的大块弃去，运入冶炼厂进行堆式配料。矿石成分：镍 1.5%，铁 8%~15%，铬 0.8%~1.2%，氧化镁 25%~38%，二氧化硅 45%~55%，氧化铝 1%~3%，氧化钙 1%~2%，含水量 15%~25%。用硅 45 作还原剂并采用倒包方法完成搅拌过程。

B　生产工艺

a　矿石干燥

用 2 台 φ3m×30m 回转窑，采用逆流加热的干燥方式。燃料为废木料，辅以油料。废气温度为 100~130℃，由 100kW 风机从干燥窑排出。干燥窑内装有合金钢制的扬板。矿石经干燥后，含水量降至 3%~4%。干燥后的矿石用皮带运输机送往破碎和筛分工段，矿石首先通过双层筛，上层筛的筛孔随处理矿石的品位可以调整，通常为 25mm，下层筛的筛孔为 8mm。筛上物主要为硬橄榄岩，可废弃，废弃量一般占矿石总量的 17%~18%。废弃矿石成分为：镍 0.65%，铁 6%~8%，二氧化硅 40%~45%，氧化镁 35%~43%。废弃部分矿石后可使入炉矿中氧化镁含量降低，从而提高产品的含镍品位。除去废矿后的有效矿成分为：镍 1.6%~1.7%，铁 10%~15%，铬 0.8%~1.2%，二氧化硅 45%~58%，氧化镁 24%~32%，氧化铝 1%~3%，烧减量 6%~8%。

b　矿石煅烧

每个储矿仓的底部设有 6 个卸料孔，通过两台刮板运输机将矿石卸至煅烧窑的给矿机，加入回转窑内。储矿仓设有许多卸料孔，使用刮板运输机有助于把矿仓中的块度偏析影响降低至最低限度。煅烧用两台 $\phi3m \times 80m$ 回转窑，燃料为重油，矿石在窑内停留时间约为 1.5h，被加热至 650~700℃，残余的游离水完全被除去，结合水除去 60%~70%。1t 矿石的燃料消耗为 23kg/t，每台窑处理矿石能力为 45~50t/h。

c　电炉熔炼

从回转窑排出的热料用倾斜式箕斗提升机送至熔炼厂房顶部两台布料装置，矿石自流至 4 个 50t 炉料储仓，借助于遥控的气动闸阀将矿石按要求的比例送至混合料仓。

矿石中镍和铁的还原工序要点是：在有熔融金属铁存在时，将适当的还原剂加到熔融的氧化矿中，同时进行强制搅拌，反应热有利于保持还原过程高温。根据电位次序，氧化物的还原顺序应为：Fe^{3+} 还原为 Fe^{2+}→氧化镍还原为金属镍→Fe^{2+} 还原为金属铁。实际上，氧化镍的还原几乎与 Fe^{3+} 的还原同时进行，而 Fe^{2+} 的还原也是在镍的还原结束之前开始的。硅铁中的铁在还原反应后直接进入镍铁，从而降低了镍铁含镍品位，也减少了矿石中铁的回收率。实践认为，生产含镍为 45% 的镍铁，其经济效益最佳。

从熔融矿石中每还原 1kg 镍，需消耗 1.5kg 硅 45。其中 35% 用于把 Fe^{3+} 还原为 Fe^{2+}，43% 用于还原镍，22% 用于还原 Fe^{2+} 为金属。为了节约用硅量，试验向回转窑内加粒状煤，其加入量为满足 Fe^{3+} 充分还原为 Fe^{2+} 为度。回转窑中一般为氧化性气氛，金属氧化物没有被还原，仅煤中的挥发物被除去。未燃烧的碳随矿石一起进入电炉，在电炉中约 50% 的 Fe^{3+} 被还原，从而使硅铁消耗量降低 15%。同时，电极糊消耗量也降低了 10%~12%。

主要设备：14MV·A×4 台熔炼电炉，13.5MV·A×1 台硅铁电炉，10t(2.5MV·A)×2 台精炼电炉。此外，还有 2 台跳汰机，4 台遥控回转台车，8 辆自卸铁水罐车，22 个反应罐，1 台浇铸机及相关辅助设施。

每台熔炼电炉可装炉料 145~185t，吨矿电耗 683kW·h。每一还原周期可产出 400~450kg 粗镍铁，还原周期平均为 15~16min。

精炼主要去磷和硫，粗镍铁含 P 0.15%~0.4%，精炼至小于 0.05%。脱磷后，提高熔池温度，加入硅铁脱氧和硫。硅铁加入量按 100kg 镍铁加入 1.8kg 硅 45 计算。精炼后镍铁经中间包模铸成均重为 15kg 的镍铁块，其成分为：镍 45.94%、铁 52.38%、硫 0.006%、磷 0.024%、碳 0.029%、铬 0.02%、硅 0.9%、钴 0.5%、铜 0.2%。反应包的渣壳和精炼渣占矿石量的 13%，这些物料含有大量镍铁，送渣壳处理车间，将回收的镍铁返回熔炼系统。

4.3.6.3　实例 3

某厂采用回转窑直接还原法冶炼镍铁，其工艺流程如图 4-32 所示。其特点是：以煤作为主要能源替代电力，对各类矿石的适应性强，其产品可直接用于生产不锈钢基料及冷却剂。其总流程可分为下述三个步骤：（1）物料预处理，包括磨矿、混料、制团，旨在提高回转窑操作效果；（2）冶炼工艺，包括回转窑焙烧、金属氧化物还原与金属聚集；（3）分选处理，回转窑产出的熟料用重选与磁选选出镍铁合金。

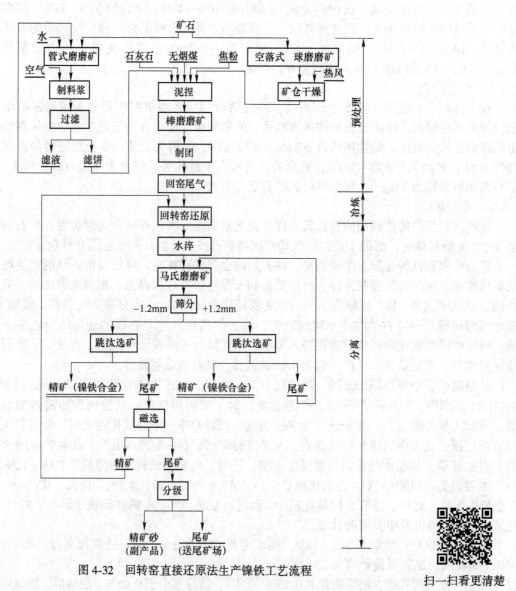

图 4-32　回转窑直接还原法生产镍铁工艺流程

扫一扫看更清楚

A　物料预处理

矿石化学成分和燃料化学成分见表 4-4 和表 4-5。熔剂石灰石的典型化学成分（%）为：SiO_2 0.29，Fe_2O_3 0.10，Al_2O_3 0.15，CaO 55.08，MgO 0.37，P 0.004，S 0.007，灼损 43.63。由于产品直接用于不锈钢冶炼，故上述原料、燃料、熔剂的含磷量均限制在 0.02% 以下。为此，须选用低磷煤。硫对于在回转窑中金属颗粒的聚集往往具有有益的促进作用。

表 4-4 典型的矿石化学成分

种类	总水分/%	表面水分/%	成分（质量分数）/%							$w(MgO)/$ $w(SiO_2)$
			$w(SiO_2)$	$w(Fe)$	$w(Al_2O_3)$	$w(Ni+Co)$	$w(Cr_2O_3)$	$w(CaO)$	$w(MgO)$	
A	24.1	10.5	42.5	11.8	0.9	2.55	1.0	0.1	24.7	0.58
B	25.7	10.6	40.6	13.0	1.0	2.56	1.1	0.1	24.6	0.61
C	28.7	8.9	45.8	12.1	2.1	2.36	0.9	0.6	21.2	0.46
D	29.5	10.6	41.7	15.2	0.9	2.32	1.2	0.1	20.7	0.50

表 4-5 典型燃料化学成分

燃料类别	总水分/%	表面水分/%	灰分/%	挥发分/%	固定碳/%	$w(P)/\%$	$w(S)/\%$	发热量/kJ·kg^{-1}
无烟煤		4.0	12.3	6.4	77.3	0.004	0.14	26095
焦粉	26.2		12.0	2.0	84.8	0.004	0.50	28939
煤 A	11.0	4.3	15.6	39.1	41.0	0.007	1.5	26388
煤 B	15.0	7.0	7.0	40.0	54.0	0.003	0.23	26764

B 冶炼工艺

回转窑直接还原法生产镍铁的工艺要点：

（1）制球。采用干式备料获取含水 18% 的干矿，再行成团。干式备料采用空落式球磨机，具有磨矿、干燥、混合、配料作用，并可调节水分，因而可取得高质量球团矿。这种备料允许无烟煤、焦料与石灰石同时加入。

（2）冶炼。预热器与回转窑是连在一起的。球团矿连续加在运动的炉栅上，送入预热器，与由窑中排出的湿烟气热交换，完成预热，进入回转窑。稳定操作的重要条件是：控制一定的球团矿加料速度和保持窑内温度曲线，而后一条的关键在于控制球团矿中的含碳量及预热器的抽力（负压）保持稳定。

球团矿内部质量变化、加料速度变化、碳质物料分布不均等都可使物料与窑壁发生局部过热或过冷，因而增加细烟尘量，从而打乱了正常的炉内抽力，使碳质物料发生偏析，最后导致产生窑坏、降低耐火材料寿命和炉料不易发生聚集等问题。

实践表明，要使球团矿在预热器内有效地进行热交换，就需在预热段内保持稳定的、较小的阻力，即确保球团矿较好的透气性，使气体通过炉栅后温度在 90℃。当球团矿通过预热段运行至回转窑约 30m 处时，已完成脱水、结晶水蒸发及石灰石分解。当镍、铁的氧化物被还原时，球团矿开始崩溃、软化，此时碳质物料的还原性极为重要。

当物料进入回转窑 30m 后，温度已超过 1100℃，金属氧化物还原的同时，发生造渣反应。镍氧化物呈橄榄石结构，铁则呈 Fe_2SiO_4 形态，两者皆为固溶体，所以镍氧化物的还原是在半熔状态下进行的。从热化学观点看，上述过程是难以解释的。镍、铁的氧化物几乎是同时还原的，尽管它们的氧化物的生成自由焓相差很大。在 1250~1400℃ 时，从半熔炉渣中还原出来的金属颗粒的聚集，也很难解释。但实践经验证实，加硫、石灰或铝氧能促进金属颗粒的聚集。经验还证明，过多的残碳有害于金属颗粒的聚集。回转窑内的坝高、燃烧嘴的位置、渣中碳量的控制，都是影响金属聚集的重要因素。熟料出窑后立即水淬，目的在于防止再氧化，并使之易于破碎。

C　分离处理

　　首先将熟料破碎到 2mm 以下，再通过跳汰机分离出金属与炉渣。其中，磁选精矿占 10%。冶炼 1t（干基）矿石，大约产出 80% 炉渣、10% 金属。产品镍铁的成分见表 4-6，典型炉渣的化学成分见表 4-7。

表 4-6　产品镍铁的成分　　　　　　　　　　（质量分数/%）

项目	$w(Ni+Co)$	$w(C)$	$w(P)$	$w(S)$	$w(Cr)$	$w(Si)$	渣
成分	21.9	0.03	0.019	0.44	0.19	0.01	2.0

表 4-7　典型炉渣的化学成分　　　　　　　　（质量分数/%）

项目	$w(Ni+Co)$	$w(SiO_2)$	$w(TFe)$	$w(Al_2O_3)$	$w(MgO)$	$w(CaO)$	$w(C)$	$w(S)$
成分	0.2	53.4	6.0	2.5	28.4	5.7	0.2	0.07

 练习题

4-1　简述回转窑干燥的基本原理。

4-2　简述回转窑焙烧的基本原理。

4-3　简述矿热炉内几种可能的电流路径。

4-4　画出 RKEF 典型工艺流程图。

4-5　回转窑由哪几个部分组成？

4-6　简述矿热炉的主要结构。

5 硫化矿熔炼

硫化镍精矿的火法冶炼与铜的冶炼相同，可以在鼓风炉、反射炉、矿热电炉和闪速炉中进行造锍熔炼，产出低镍锍；再送转炉进行吹炼产出高镍锍，经缓冷后进行破碎、磨细；通过浮选、磁选产出高品位硫化镍精矿、硫化铜精矿和铜镍合金。镍精矿的特点是硫镍比高，一般为2~5，远高于铜精矿与铅、锌精矿的硫与金属比值（0.2~1.6）。硫化镍精矿造锍熔炼产出低镍锍后，经吹炼得到高镍锍，其中除硫化镍与硫化铜外，尚有少量的铁、钴、贵金属和硒碲等有价金属。为此，需要再精炼分离铜镍，以达到综合回收的目的。

鼓风炉熔炼镍矿是最早的炼镍方法之一，世界上许多冶炼厂都曾使用过鼓风炉熔炼技术。随着生产规模的扩大、冶炼技术的进步以及环境保护要求的提高，这种方法已逐步被淘汰。我国在20世纪60~70年代也曾主要采用鼓风炉熔炼硫化镍矿，后来被电炉和闪速炉所取代。矿热电炉在镍冶金中广泛用于低镍锍的生产，世界上一些著名的镍公司，以及我国的金川、磐石等工厂也曾用矿热电炉处理硫化镍精矿生产低镍锍。

目前，我国主要是用闪速炉进行硫化镍精矿的熔炼，生产低镍锍。闪速熔炼工艺包括精矿的深度干燥、配料、闪速熔炼、转炉吹炼和炉渣贫化等过程，图5-1所示为某厂用闪速炉处理硫化镍精矿的火法冶金流程。

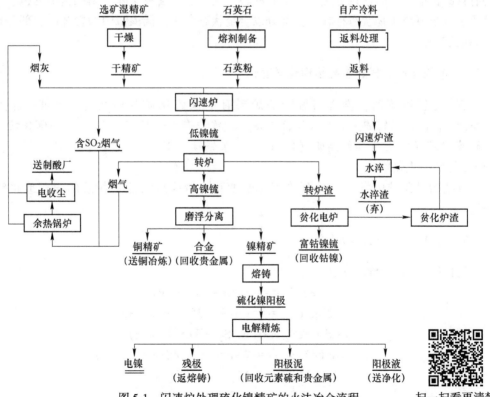

图 5-1　闪速炉处理硫化镍精矿的火法冶金流程　　　　扫一扫看更清楚

5.1　造锍熔炼的基本原理

造锍熔炼制得一种称为锍的主金属硫化物和铁的硫化物共熔体。由于硫化精矿的主金属含量还不够高，除脉石外，常伴生有大量铁的硫化物，其量超过主金属，用火法由精矿直接炼出粗金属，在技术上仍存在一定困难。生产中利用铜、镍、钴对硫的亲和力近似于铁，而对氧的亲和力远小于铁的性质，在氧化程度不同的造锍熔炼过程中，分阶段使铁的硫化物不断氧化成氧化物，随后与脉石造渣而除去。主金属经过这些工序进入锍相得到富集，品位逐渐提高。造锍熔炼可在反射炉、鼓风炉、电炉、闪速炉和各种熔池熔炼炉中实现，硫化镍精矿的造锍熔炼与硫化铜精矿一样属于氧化熔炼。氧化镍矿也可在有硫化剂存在条件下进行造锍熔炼，将镍富集于镍锍中。此时需配入硫化剂（如黄铁矿），先制团或烧结成块，然后加入鼓风炉中熔炼，焦率达 20%~30%，属于还原性，所以又称为还原硫化熔炼。

造锍熔炼的物料主要包括硫化精矿或块矿和造渣用的熔剂。对于镍的造锍熔炼，熔炼的物料包括硫化镍精矿或硫化铜镍精矿及造渣熔剂、焦粉、返料等，产出镍锍或铜镍锍、炉渣、烟气、烟尘等。

低镍锍吹炼的任务是向转炉内低镍锍熔体中鼓入空气和加入适量的石英熔剂，将低镍锍中的铁和其他杂质氧化后与石英造渣，部分硫和其他一些挥发性杂质氧化后随烟气排出，从而得到含有价金属（镍、铜、钴等）较高的高镍锍和含有价金属较低的转炉渣。由于它们各自的密度不同而进行分层，密度小的转炉渣浮于上层被排除。高镍锍中的镍、铜大部分仍然以金属硫化物状态存在，少部分以合金状态存在，低镍锍中的贵金属和部分钴也进入高镍锍中。

5.1.1　造锍熔炼过程的主要物理化学变化

进行造锍熔炼时，投入熔炼炉的炉料有铜镍硫化矿和熔剂等。例如：镍黄铁矿 $[(Ni,Fe)_9S_8]$、含镍磁黄铁矿 $[(Ni,Fe)_7S_8]$、辉铁镍矿（$3NiS \cdot FeS_2$），与硫化镍矿伴生的磁黄铁矿（Fe_7S_8）、黄铜矿（$CuFeS_2$）、黄铁矿（FeS_2），Fe_2O_3、SiO_2、MgO、CaO、Al_2O_3 等脉石氧化物。

这些物料在炉中发生一系列物理化学变化，最终形成互不相溶的镍锍或铜镍锍和炉渣。

5.1.1.1　高价硫化物的分解

高价硫化物的分解反应如下：

$$Fe_7S_8 \Longrightarrow 7FeS + 1/2S_2(g) \tag{5-1}$$

$$2CuFeS_2 \Longrightarrow Cu_2S + 2FeS + 1/2S_2(g) \tag{5-2}$$

$$3NiS \cdot FeS_2 \Longrightarrow Ni_3S_2 + FeS + S_2(g) \tag{5-3}$$

$$(Ni,Fe)_9S_8 \Longrightarrow 2Ni_3S_2 + 3FeS + 1/2S_2(g) \tag{5-4}$$

$$3NiS \Longrightarrow Ni_3S_2 + 1/2S_2(g) \tag{5-5}$$

$$FeS_2 \Longrightarrow FeS + 1/2S_2(g) \tag{5-6}$$

高价硫化物的分解，生成了在熔炼高温下最稳定的低价硫化物，它们的熔点较低，例如硫化亚镍 Ni_3S_2（熔点 790℃）、硫化亚铜 Cu_2S（熔点 1135℃）和硫化亚铁 FeS（熔点 1190℃），这些低价硫化物在熔融状态下互溶便形成了相应的镍锍（Ni_3S_2-FeS）、铜锍（Cu_2S-FeS）和铜镍锍（Cu_2S-Ni_3S_2-FeS），从而与已经氧化生成的 FeO 和 SiO_2、CaO、MgO、Al_2O_3 等脉石氧化物形成的炉渣分离开来，这便是铜、镍火法冶金中进行造锍熔炼的基础。

在中性或还原性气氛下，上述分解反应释放出的元素硫为气态分子（硫的熔点 112.8℃，沸点 444.6℃），硫蒸气遇到炉气中的氧，极容易着火燃烧生成 SO_2 气体。

5.1.1.2 硫化物的氧化

在现代强化熔炼炉中，炉料往往很快地进入高温强氧化气氛中，所以高价硫化物除发生离解反应外，还会被直接氧化，如：

$$2CuFeS_2 + 5/2O_2 =\!=\!= Cu_2S \cdot FeS + FeO + 2SO_2 \tag{5-7}$$

$$3FeS_2 + 8O_2 =\!=\!= Fe_3O_4 + 6SO_2 \tag{5-8}$$

$$2Fe_7S_8 + 53/2O_2 =\!=\!= 7Fe_2O_3 + 16SO_2 \tag{5-9}$$

$$2Cu_2S + 3O_2 =\!=\!= 2Cu_2O + 2SO_2 \tag{5-10}$$

$$Ni_3S_2 + 7/2O_2 =\!=\!= 3NiO + 2SO_2 \tag{5-11}$$

$$2FeS + 3O_2 =\!=\!= 2FeO + 2SO_2 \tag{5-12}$$

5.1.1.3 造渣反应

氧化反应生成的 FeO 在 SiO_2 存在的条件下，将按下列反应形成炉渣：

$$2FeO + SiO_2 =\!=\!= 2FeO \cdot SiO_2 \tag{5-13}$$

硫化镍精矿的火法冶金过程与硫化铜精矿类似。本质上，铁和硫是通过熔炼过程选择性氧化和造渣除去的。硫也可用焙烧法脱去一部分。铜、镍对硫的亲和力与铁相近，但铁对氧的亲和力大于铜和镍，更易氧化为 FeO，如果没有足够的 SiO_2 熔剂与其造渣，FeO 将继续氧化成 Fe_3O_4，但 Fe_3O_4 在高温下易被 C 还原为 FeO。在相对低的温度（1200～1300℃）下，使 Cu_2S 氧化可得到金属铜，同样的过程对于镍则需 1600℃ 以上的高温。对炼镍而言，造锍熔炼和吹炼的产物是一种低铁（0.5%～3%）、含硫（10%～22%）的转炉镍锍而不是粗镍。

5.1.2 镍造锍熔炼产物

5.1.2.1 铜镍锍

熔炼硫化矿所得各种金属锍是很复杂的硫化物共熔体。铜镍锍是 Cu-Ni 硫化矿造锍熔炼的产物，其主要组成是 Ni_3S_2、Cu_2S、FeS，属 Ni-Cu-Fe-S 四元系。另外，还含有一些钴的硫化物、少量游离金属和微量铂族元素等，当然也溶解有 Fe_3O_4 和极少量其他造渣组分。

镍锍中镍的金属化程度（游离金属含量与总金属含量之比）高。镍锍的金属化程度越高，其熔点也越高；反之，镍锍中 Ni_3S_2 含量越高，其熔点也越低。因为镍锍的熔点高，故熔炼时炉温也要求较高。不然,当沉淀池或炉床温度稍有下降时,便有可能引起 Ni-Fe 析出形成炉结。

在还原条件下(如电炉)产出的镍锍(称为缺硫镍锍)含硫量比在氧化条件下(如反射炉和闪速炉)得到的镍锍(称为普通镍锍)的含硫量低。镍锍品位,即(Ni% + Cu%)的含量随 Fe 含量的增加呈线性递减,这对两种形式的镍锍都是一样的。电炉熔炼产出的缺硫镍锍,含硫量为 22% ~ 27%,此硫量不足以使全部金属形成硫化物。硫量不足的原因,是由于一部分金属(主要为铁)以元素状态或氧化物(Fe_3O_4)状态溶解于铜镍锍的缘故。

5.1.2.2　炉渣

硫化镍精矿造锍熔炼产出的炉渣与熔炼硫化铜精矿时产出的炉渣相似,即铁橄榄石型炉渣,一般含 Fe 35% ~ 40% 和 SiO_2 30% ~ 40%。渣中 Fe^{2+}/Fe^{3+} 含量比随氧势升高而降低,反射炉和闪速炉炉渣含 Fe_3O_4 通常高于 10%,并随镍锍品位上升而增高,而电炉炉渣含 Fe_3O_4 较低(小于 5%)。

炼镍炉渣一般属于 FeO-SiO_2 系和 FeO-SiO_2-CaO(MgO)系。铜锍和镍锍吹炼所产出的炉渣,可以认为是一种 Fe_3O_4 饱和的 FeO-SiO_2 系炉渣。

由于镍矿原料往往含有较多的 MgO,所产炉渣含 MgO 也较多。当 MgO 含量超过 14% 时,炉渣的熔点迅速上升,黏度增大,单位电耗增大。可以得知,由于难熔的 $2MgO \cdot SiO_2$(熔点 1890℃)的析出,恶化了炉渣性质。但是,当炉渣中 MgO 含量高于 22% 时,炉渣电导增大,随着渣中 MgO 含量的升高和 FeO 含量的下降,炉渣含有价金属降低。炉渣含 CaO 在 3% ~ 8%,对炉渣性质不发生重大影响;当 CaO 含量增大到 18% 左右时,炉渣的电导增大 1 ~ 2 倍,渣的密度和黏度降低,熔点升高,但硫化物在渣中溶解度减小。

熔渣黏度受硅酸离子形状、大小的影响。在一般情况下,碱性氧化物能破坏硅酸离子网状结构,有降低黏度的作用。添加氟化物降低黏度非常有效,据说在酸性熔渣中氟化物的效果约为氧化物的 2 倍。对有色冶金炉渣来说,其黏度一般在 0.5Pa·s 以下,炉渣流动性好,若在 1Pa·s 以上则明显地影响炉渣与锍的分离和炉渣的排放操作。炉渣的电导率对电炉熔炼和闪速炉熔炼炉渣的电炉贫化有很大意义。炉渣的电导率与黏度有关,一般来说,黏度小的炉渣具有良好的导电性。含 FeO 高的炉渣除了离子传导以外,还有电子传导,且具有很好的导电性。

5.1.3　低镍锍吹炼的基本原理

低镍锍的主要成分是 FeS、Fe_3O_4、Ni_3S_2、Cu_2S、PbS、ZnS 等,吹炼的任务是使低镍锍中的 FeS 氧化和造渣,除去铁,产出主要由 Cu_2S 和 Ni_3S_2 组成的并富集了贵金属的高镍锍。如果以 M 代表金属,MS 代表金属硫化物,MO 代表金属氧化物,在吹炼 1250℃ 左右的高温下硫化物一般可按下列反应进行氧化:

$$MS + 3/2O_2 \rule[0.5ex]{1.5em}{0.4pt} MO + SO_2 \tag{5-14}$$

$$MS + O_2 \rule[0.5ex]{1.5em}{0.4pt} M + SO_2 \tag{5-15}$$

反应式(5-14)是低镍锍吹炼的主要反应。按式(5-15)进行吹炼镍锍产出金属镍要 1650℃ 的温度,而一般卧式转炉吹炼不能达到如此高温,即式(5-15)不能顺利进行,所以式(5-14)成为低镍锍吹炼的主要反应。

生产实践中，常常根据在1250℃温度下金属对氧的亲和力以及硫对氧的亲和力大小来判断一种硫化物沿何种方式进行氧化反应。铁对氧的亲和力最大，依次为钴、镍、铜，故在吹炼过程中铁最易被氧化。铜、镍、钴、铁对硫的亲和力，恰与对氧的亲和力相反，故金属的硫化次序与氧次序正好相反，即首先被硫化的是铜，依次是镍、钴、铁，所以在吹炼过程中铁最易被氧化造渣除去。在铁氧化造渣除去以后，接着就应该是钴被氧化造渣，但镍锍中钴的含量少，在钴氧化除去的时候，镍也开始氧化造渣。正因为这样，吹炼过程就必须控制在铁还没有完全氧化造渣除去之前，就结束造渣吹炼，否则钴、镍也会被氧化造渣。由于在生产过程中要准确判断很难，不可避免有少量钴、镍进入渣中，也就导致了吹炼过程中有价金属的损失。当钴含量较高时，也可有意识地继续吹一定时间，使钴完全进入渣中，然后从吹炼渣中用其他方法回收钴。

5.1.3.1 铁的氧化造渣

在转炉鼓入空气时，首先是低镍锍中的FeS发生氧化反应生成FeO：

$$FeS + 3/2O_2 === FeO + SO_2 \tag{5-16}$$

同时与在转炉吹炼过程中加入的石英熔剂（含约85% SiO_2）反应造渣：

$$2FeO + 2SiO_2 === 2FeO \cdot SiO_2 \tag{5-17}$$

由于渣的密度小，浮于熔体表面而被分开。

当有少量的未与SiO_2造渣的FeO，在风口附近可进一步被氧化为Fe_3O_4，$3FeO + 1/2O_2 === Fe_3O_4$，由于其熔点高（1597℃），会使炉内熔体变得黏稠，炉渣性质变坏，给吹炼过程带来许多不利影响。为了减少Fe_3O_4的生成，应保持较高的温度和供给足够造渣所需的石英熔剂。由于上述铁的氧化与造渣反应均为放热反应，反应的热效应又很大，所放出的热量使吹炼过程能在不消耗外加燃料情况下自热进行。

5.1.3.2 镍的富集

在大部分铁已被氧化造渣的吹炼后期，当镍锍中含铁降到8%时，镍锍中的Ni_3S_2开始剧烈地氧化和造渣。因此，在生产上为了降低渣含镍，镍锍含铁吹到不低于20%便放渣并接收新的一批低镍锍，如此反复进行，直到炉内具有足够数量的富镍锍时，进行筛炉操作，将富镍锍中的铁集中吹到2%~4%后放渣出炉，产生含镍45%~50%的高镍锍。

在吹炼过程中，在风口附近虽然有镍被氧化成氧化镍：

$$Ni_3S_2 + 7/2O_2 === 3NiO + 2SO_2 \tag{5-18}$$

但由于炉内熔体中有大量FeS存在，生成的氧化镍又被硫化：

$$3NiO + 3FeS === Ni_3S_2 + 3FeO + 1/2S_2 \tag{5-19}$$

所以，当熔体中只要还保留有一定量的FeS存在时，镍被氧化进入渣中的量应该是不多的，镍仍以Ni_3S_2形态存在于镍高锍中。

5.1.3.3 铜的富集

由于铜的硫化物比镍硫化物更稳定而不易被氧化，它在低镍锍中含量又较低，在吹炼过程中大部分铜仍以Cu_2S形态保留在镍高锍中，只有少部分Cu_2S被氧化为Cu_2O后，与未氧化的Cu_2S发生反应生成少量金属铜，其反应如下：

$$Cu_2S + 3/2O_2 = CuO + SO_2 \tag{5-20}$$

$$Cu_2S + 2Cu_2O = 6Cu + SO_2 \tag{5-21}$$

由于铜对硫的亲和力大于镍，产生的金属铜可以还原镍锍中的 Ni_3S_2：

$$4Cu + Ni_3S_2 = 3Ni + 2Cu_2S \tag{5-22}$$

得到金属镍与金属铜互溶形成合金后便进入镍高锍中，这就产生了金属化镍高锍。

5.1.3.4　其他次要元素的富集和除去

在低镍锍中 FeS 大量氧化造渣以后，CoS 已开始氧化。当镍锍中含铁在 15% 左右时，钴在镍锍中的含量最高，此时钴得到最大程度的富集。但当镍锍含铁降到 10% 以下时，钴开始剧烈地氧化并进入渣中，因此在生产上为了防止钴过早地剧烈氧化，要求在吹炼中前期控制镍锍含铁不低于 15%。经过加入几批低镍锍吹炼后炉内具有足够的高镍锍时，再将富镍锍中的铁含量吹炼到 2%~4%，这样可以减少钴在渣中的损失。所以，钴在镍锍和渣中的分配主要取决于镍锍中铁的含量。

硫与金属结合以化合物的形态存在。转炉鼓入空气时，硫被氧化成二氧化硫气体随烟气排出，并经净化后送去制酸。

锌在低镍锍中主要以硫化锌的形态存在。当有 SiO_2 存在时，ZnO 可以造渣。在高温下，ZnO 可能和 ZnS 发生交互反应生成金属锌，挥发后氧化成氧化锌进入烟尘。

铅在低镍锍中以 PbS 的形态存在，吹炼时会先氧化成 PbO。当有 SiO_2 存在时 PbO 可以造渣，还会交互反应生产金属铅，熔入金属化镍锍的合金相中。PbS 可直接挥发后在炉子空间再氧化为 PbO，随烟气逸出进入烟尘中。

由于金、银和铂族贵金属的抗氧化性能较强，在吹炼过程中大部分以化合物形式进入高镍锍，由以后处理工序提取。

5.2　闪速炉造锍熔炼

闪速熔炼克服了传统熔炼方法未能充分利用粉状精矿的巨大表面积和矿物燃料的缺点，大大减少了能源消耗，提高了硫的利用率，改善了环境。

奥托昆普闪速炉熔炼硫化镍精矿是将深度脱水（含水量小于 0.3%）的粉状硫化精矿，在加料喷嘴中与富氧空气混合后，以高速度（60~70m/s）从反应塔顶部喷入高温（1450~1550℃）的反应塔内，此时精矿颗粒被气体包围，处于悬浮状态，在 2~3s 内基本完成了硫化物的分解、氧化和熔化过程。硫化物和氧化物的混合熔体落入反应塔底部的沉淀池中，继续完成造锍与造渣反应，熔锍与熔渣在沉淀池进行沉降分离，熔渣流入贫化炉进一步还原贫化处理后弃去，熔锍送转炉吹炼进一步富集成镍高锍。熔炼产出的 SO_2 烟气经余热锅炉、电收尘后送制酸系统。典型的闪速熔炼工艺原则流程如图 5-2 所示。

闪速熔炼系统包括闪速熔炼、转炉吹炼等高温熔炼主系统，物料制备、配料、氧气制取、供水、供风、供电、供油以及炉渣贫化等辅助系统。

5.2.1　镍闪速熔炼反应过程的特点

干燥的硫化镍精矿颗粒在氧化性的气流中呈悬浮状态进行氧化反应，反应产物落入沉

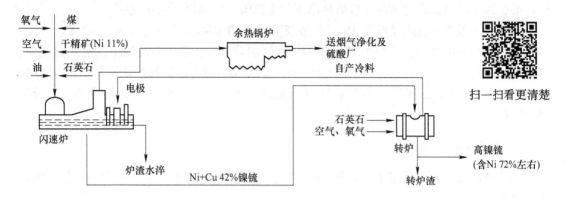

图 5-2 闪速熔炼工艺原则流程

淀池继续完成造锍、造渣反应，并完成镍锍和炉渣的相分离。闪速熔炼反应过程的特征是：（1）细颗粒物料悬浮于紊流的氧化性气流中，气-液-固三相的传质传热条件改善，化学反应快速进行；（2）喷入的细粒干精矿具有很大的比表面积（据测定，-0.074mm 的精矿 1kg 具有 $200m^2$ 以上的表面积），氧化性气体与硫化物在高温下的反应速度将随接触面积的增大而显著提高；（3）增加反应气相中的氧浓度，有助于炉料反应速度和氧化程度的提高，导致精矿中更多的铁和硫氧化（例如卡尔古利镍厂闪速炉脱硫率为 80%，皮克威镍厂为 85%）。由于反应速度快，单位时间放出的热量多，使燃料消耗降低，从而减少因燃料燃烧带入的废气量，提高了烟气中的 SO_2 浓度，为烟气综合利用创造了有利条件。

在镍闪速炉熔炼的高温和氧化性气氛下，镍（铜）硫化精矿的造锍熔炼是利用铁对氧的亲和力大于镍和铜（尤其是铜）对氧的亲和力，铁优先发生氧化反应，致使精矿中的一部分硫和铁（高温分解后主要呈 FeS 形态）氧化；被氧化的硫生成 SO_2，进入烟气；被氧化的铁与脉石以及熔剂中的氧化物造渣。闪速熔炼严格控制入炉的氧/料质量比，能准确地造成部分 FeS 不被氧化，这部分残存的 FeS 便与 Ni_3S_2（CuS）形成设定组成的镍（铜）锍。可见，造锍熔炼是主金属镍和铜的火法富集过程。

在氧势较高而又缺乏充足的 SiO_2 熔剂时，FeS 和已经部分生成的 FeO 都可能进一步氧化生成 Fe_3O_4。Fe_3O_4 熔点高（1597℃）、密度大（约为 $5g/cm^3$），使炉渣与镍锍分离不好，造成金属损失增加，且易在炉底析出使生产空间减小，从而使炉子处理能力降低。在高温条件下，Fe_3O_4 可被 FeS 和固体碳还原，在炉子中有适量的石英石是防止 Fe_3O_4 析出的主要手段。当 Fe_3O_4 含量过高时，可及时加生铁还原处理。

5.2.2 镍闪速熔炼的炉料组成

闪速炉的入炉物料一般有干精矿、粉状熔剂、粉煤和混合烟灰等。

精矿必须干燥至含水量低于 0.3%，当超过 0.5% 时，易使精矿在进入反应塔高温气氛时由于水分的迅速汽化，而被水汽膜所包围，以致阻碍硫化物氧化反应的迅速进行，结果造成生料落入沉淀池。混合烟尘中硫含量比相应铜冶炼要低。

在石英熔剂中，钙、镁以碳酸盐形态存在，铁以 Fe_2O_3 形态存在。镍精矿和石英熔剂混合物料的矿物组成一般有：$(Ni, Fe)_9S_8$、$CuFeS_2$、FeS、Fe_2O_3、FeS_2、MgO、SiO_2、

CaO 等，其中的高价硫化物在反应塔高温下发生离解反应和部分氧化反应。

粉煤：一般要求含水量低于 1%，并磨细至粒度−0.074mm 的大于 90% 的粉煤。

铜镍精矿中的脉石，除 SiO_2 外，还有钙和镁的碳酸盐，它们在高温下发生离解反应，生成 CaO、MgO 与 SiO_2 造渣，形成 $MgO \cdot SiO_2$ 和 $CaO \cdot SiO_2$。根据测定，炉渣含 MgO 每增加 1%，熔渣温度要升高 9~10℃；MgO 含量超过 8% 时，每增加 1%，熔渣温度要升高 35~40℃。

5.2.3　镍闪速炉的构造

闪速炉由反应塔、沉淀池、上升烟道和贫化区等四部分组成。金川公司闪速炉的外形结构如图 5-3 所示。

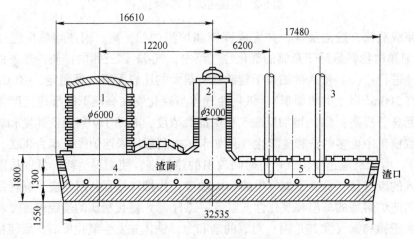

图 5-3　金川公司闪速炉的外形结构
1—反应塔；2—上升烟道；3—电极；4—沉淀池；5—贫化区

5.2.3.1　反应塔

反应塔是炉子完成熔炼过程的关键部分。镍闪速炉反应塔塔内温度高达 1650℃ 左右，硫化物的分解、氧化、熔化等过程在塔内完成，它要承受由于高速气流夹带的粉状物料及其在高温下氧化熔炼反应生成的熔体的冲刷和化学侵蚀。反应塔呈竖式圆筒形，由钢外壳、铜水套、砖砌体等构成。钢外壳用厚度 20mm 的锅炉钢板制作，塔顶为球面弓形拱顶。塔身采用上部吊挂的形式，由专设的钢梁支撑。塔身上部是炉料和高温气流喷入处，物理化学变化刚刚开始的部位，受机械冲刷和化学侵蚀较轻，故内衬选用预反应铬镁砖砌筑。塔身下部与沉淀池脱开，可以自由上下伸缩。塔身下部是反应塔高温区，反应在此强烈进行，熔体和高温烟气对塔壁冲刷侵蚀极为严重，内衬选用理化性能好的电铸铬镁砖砌筑；并设九层铜水套进行冷却，使塔壁挂渣以保护砌体，延长其使用寿命。

5.2.3.2　沉淀池

在沉淀池内主要完成镍锍与渣的沉降分离，以反应塔下部延伸到上升烟道的下垂线为界。

为了方便炉底的砌筑，炉底部分外壳是垂直的。沉淀池炉墙由砌砖、铜水套和钢板外壳等构成，炉墙向外倾斜10°以增加炉墙的稳定性。位于反应塔下部的沉淀池侧墙和端墙是最易损坏的部位，因此为了保护此处炉墙，渣线以上炉墙设有3层水平铜水套。熔池采用电铸铬镁砖砌筑，并在整个炉前的砖体与炉壳之间设置了铜制立水套。

(1) 炉顶结构。沉淀池烟气温度高，在反应塔和上升烟道之间的沉淀池顶，采用水冷H型钢梁为骨架、烧结铬镁砖吊挂拱顶结构。炉顶设有6个检测孔和加料孔。

(2) 炉底结构。炉底总厚1550mm；自上而下炉底工作层为烧结铬镁砖，厚450mm；安全层为预反应铬镁砖砌筑，厚380mm；镁砖厚150mm；反拱以下永久层为普通黏土砖和少量捣打料，厚490mm。

(3) 贫化区。贫化区的作用是使渣中的有价金属更多地还原、沉积在镍锍中，同时处理一部分含有价金属的冷料。从上升烟道下垂线起到渣口端墙为贫化区，贫化区炉底、炉墙与沉淀池砌为一体，结构完全相同。不同的是贫化区渣线以上部位侧墙只设有一层水平水套。贫化区炉顶烟气量少，且温度较低，温度变化平稳，炉顶采用H型水冷钢梁和高铝质耐火材料浇筑。这种结构密封性好，有利于电极孔密封装置的安装。

(4) 上升烟道。上升烟道由钢骨架、砖砌体、铜水套和钢板壳构成悬吊结构，断面呈矩形，是闪速炉内高温烟气的通道。烟道两侧用预反应铬镁砖砌在钢骨架炉壳上，端面和顶部砖吊挂在钢结构上。烟道顶部设有ϕ1500mm的临时（事故）烟道孔，正常生产时用盖密封。两侧墙各有5个工作门，用来清理烟道结瘤。开有2个烧嘴孔用来清理烧结烟道内结瘤。烟道靠反应塔侧墙设有5层水平铜水套，靠贫化区侧墙设有11层水平铜水套。烟道出口下部有4层水平铜水套，用来增强冷却强度，延长耐火材料寿命。烟道与沉淀区和贫化区各用10块特殊斜铜水套连接起来。烟道喉口部的矩形出口四周都设有水套。

(5) 精矿喷嘴。精矿喷嘴是闪速炉的关键设备之一，精矿、石英粉、烟灰等粉状物料及风、氧、油等物料都通过喷嘴从反应塔顶部进入闪速炉，它起着料与风的混合、料的吹散、重油的雾化燃烧等作用。精矿喷嘴的形式有多种多样，因物料及工艺制度的不同而不同。金川公司精矿喷嘴由喉口、风箱、分料锥、油枪、调节锥、固定料管等组成（见图5-4）。

喷嘴的原理是：当精矿等物料在进入固定料管后，通过调整活动料管、调节锥、油枪的相对位置，以及压缩风、富氧热风、油的配入，加入反应塔并迅速燃烧和熔化。在改变加料量时，通过调整在喉口部上活动加料管外侧的风速调节锥的升降来改变喉口部的进风量和风速。此外，在活动料管下部设有一个垂直于加料方向小孔的分料堆，压缩空气从小孔中吹出，将精矿等物料吹散，使其与富氧热风更均匀地混合，并通过设在加料管中间的用压缩空气雾化的油枪喷出的重油燃烧而加热迅速熔化。

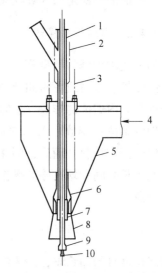

图 5-4 炼镍闪速炉反应塔的
精矿喷嘴结构

1—固定料管；2—活动料管调节杆；
3—调节锥调节杆；4—富氧空气；5—风箱；
6—调节锥；7—活动料管；8—喷嘴下体；
9—分料锥；10—油枪

5.2.4　镍闪速熔炼的操作及常见故障的处理

5.2.4.1　闪速炉的开炉

闪速炉的开炉过程包括：开炉前的准备工作，升温，投料，熔体排放并转入正常生产。

(1) 开炉前的准备工作。在闪速炉开始升温时，外围系统必须经过细致的检查，要求具备正常的供料、排烟与收尘、供氧与供风及供水条件；所有仪表、称量设备及计算机系统处于正常工作的状态；所有余热锅炉处于正常工作的条件。

(2) 升温。闪速炉新炉烘炉升温时间一般很长，以便缓缓烘干较厚砌体内的水分。在闪速炉开始进行投料作业前，必须将炉子预热到接近所要求的操作温度。升温操作通常是按照一定的升温曲线，稳定炉膛负压，调整使用油枪的数量或调整各使用油枪油量，使之有计划地进行。

(3) 投料。在炉子预热到要求的温度后，根据系统的运行状况逐渐增加投料量，整个过程大致分为两个阶段：1) 调整阶段，通常为 3~7d，加料量 30~40t/h，该阶段主要调整镍锍品位，使炉墙挂渣以及让各辅助系统特别是炉体有个调整适应过程；2) 正常生产阶段，在料量增至 40t/h 时，如无特殊情况，可熄灭沉淀池油枪，进入满负荷 50~70t/h 加料量的生产阶段。

(4) 熔体排放。在投料进行到一定时间后，炉内渣面将达到 1.2m 以上时，炉后人员应立即放渣；当镍锍面达到 450mm 左右时，此时炉前应立即放渣。在正常生产阶段，闪速炉通常控制渣面高度为 500~650mm。

5.2.4.2　闪速炉的停炉

根据闪速炉检修的类型不同，其停炉工作可分为临时性或短时间计划停炉，以及长时间计划性停炉。临时或短时间计划停炉，一般是安排计划月修，或临时性事故抢修，故不进行洗炉和炉内熔体的排放。长时间计划性停炉，一般是安排炉体大修、中修，需要进行洗炉和炉内熔体的排放。闪速炉临时性或短时间计划停炉操作步骤是：反应塔减料，停料；贫化区停止加料；随后，闪速炉转入保温作业。

闪速炉长时间计划性停炉操作步骤是：闪速炉洗炉；停料过程；熔体排放；闪速炉转入保温作业。

5.2.4.3　闪速炉的保温

根据检修时间的长短，闪速炉的保温工作分为较长时间保温和较短时间保温。较长时间保温作业一般持续 15~30d，短时间的保温作业一般持续 1~3d。

一般说来，保温应按以下原则进行：(1) 以闪速炉上升烟道临时热电偶温度为目标控制温度，综合考虑其他位置的炉墙温度及炉内挂渣情况来进行控制；(2) 稳定炉膛负压，多油枪、小油量来控制炉温，保证炉温的均衡、稳定；(3) 合理的油枪选择及燃烧控制原则。

5.2.4.4 检修

闪速炉系统的检修可分为子系统检修和炉体检修。

子系统检修包括对二次风系统、电极系统、水淬系统等部分的检修。对运行过程中出现的影响和制约闪速炉正常生产的故障和问题进行检修处理，这种类型的检修一般安排每月进行一次。对突发性的故障或事故安排临时性事故检修。

炉体检修主要是对长时间在高温、高氧化强度的条件下运行的炉体耐火砖、耐火材料及炉体骨架进行检修，这种类型的检修一般分大修、中修、小修3种情况。

5.2.4.5 闪速炉常见故障的处理

在闪速炉的生产中，常见故障可以分为常规故障和突发性故障，不管是哪种类型的故障，都包括了生产、工艺、设备和设施等方面出现的问题。

A 精矿喷嘴喉口结瘤

精矿喷嘴形成结瘤的原因通常有：(1) 喉口风速过大时，由于塔壁结瘤严重，造成喉口部结瘤严重又相当难清理；当喉口风速过小时，由于高温区相对上移，而且塔内压力相当不稳，因此会出现喉口部结瘤，不易清理，以致结瘤逐渐严重。(2) 吹散风压力不当。当吹散风压力过小时，无法吹散物料或吹散不均，造成喉口四周温度差异较大而使温度较高的部位结瘤严重。但当喉口风速偏大时，吹散风压力也不宜过大。(3) 物料含水量过高，超过设计规定的要求，由于吹散风吹散不力，会使喉口部结瘤，不过这种瘤易处理。二次风含水量过高，或二次风加热器泄漏时，也会出现上述情况。(4) 物料粒度不合格。物料局部有堵塞现象或料量瞬时波动大。(5) 4个精矿喷嘴的料量、风量分配不均匀或两者不对应。(6) 下料管因磨损而出现孔洞。(7) 油烧嘴处的结焦清理不及时，炉子结瘤清理不及时。(8) 炉膛压力波动过大。(9) 富氧浓度不合适，而且与喉口风速不相对应，喉口部外围漏风等。

预防措施：定期检查和更换喷嘴的易损件，使喷嘴各组成部件处于完好状态。一旦出现结瘤，要及时调整工艺参数（如配料比、风、油、氧、温度、负压等），采取增大反应塔负荷和人工用钢钎捅，并适当降低喉口部风速，使高温区上移来使炉瘤消除。

当喉口结瘤十分严重，以致无法维持正常生产时，可采取较为彻底的处理办法：(1) 当反应塔内壁和喉口结瘤十分严重时，可以采取增大反应塔热负荷的办法"空烧"一定时间后，一边烧一边捅，即可大部分清除其结瘤。(2) 当喉口风速过大而造成喉口部结瘤但又不十分严重时，则可适当降低喉口风速来逐渐消除其结瘤。(3) 根据原料成分和现状，对工艺技术参数进行合理调整。

B 出现生料

所谓生料，指的是反应塔对应的下部熔池中存在没有熔化的干精矿、混合烟尘和粉状熔剂。当出现生料时会造成实际镍锍品位低于目标镍锍品位，精矿潜热利用率低。尤其是出现大量生料时，将会造成沉淀池炉膛空间急剧减小，上升烟道处形成"大坝"，使生产无法正常进行和炉体受损。因此，研究出现生料的原因和防止生料的处理措施是十分有必要的。

形成生料的原因很多，包括：（1）下料管堵塞或部分堵塞，料管磨损严重；（2）4个精矿喷嘴的下料量不均匀且风量/矿量不成比例，配料比不当以及配料不均匀；（3）燃料量不够，反应塔热负荷小；（4）精矿喷嘴结瘤严重，塔壁结瘤严重；（5）鼓入反应塔的富氧空气中的含氧量不够；（6）入炉物料的粒度和水分超标，富氧空气中含水量过高；（7）精矿喷嘴各组成部件加工的同心度差；（8）喉口部的风速过低，吹散风压力过低；（9）炉膛负压过大；（10）料量和富氧空气量波动较大；等等。

处理措施：应首先认真查找原因，从物料平衡、热平衡计算看工艺参数（包括风、油、氧、炉料、炉膛负压等）是否合适；检查物料性质是否发生大的变化，以及反应塔空气加热器是否泄漏；定期校验各计量设施的精确度；检查精矿喷嘴的工作状况，然后根据其状态和部位及时进行彻底处理，防止事故扩大。

C 镍锍品位过高或过低

在闪速炉所产出的低镍锍中，除镍、铜、钴的硫化物外，还含有一定量的磁铁、铁镍合金等成分。所谓镍锍品位是指低镍锍中的镍和铜的含量之和。如果原设计的低镍锍品位为48%，即镍锍中 Cu%+Ni%之和为48%。

低镍锍品位的控制，主要取决于工艺设计、生产平衡和综合经济效益等方面。根据这些因素，进行低镍锍品位的设定，设定的低镍锍品位叫做目标低镍锍品位。根据目标低镍锍品位及其他设定值，进行冶金计算，得到有关的工艺技术参数。

一般来说，实际低镍锍品位能较好地与目标低镍锍品位相吻合。如果实际低镍锍品位过高或过低，其原因可能有：（1）工艺技术参数计算不准；（2）参数控制波动大；（3）出现"生料"等现象。

针对低镍锍品位过高问题，采取的主要手段是重新进行冶金计算，及时修正参数。如果修正参数后仍不能解决问题，则要对物料重新取样分析，并由仪表人员校正风氧流量计。

对于低镍锍品位过低的问题，除了修正参数外，还必须对风根秤、风与氧流量计和精矿喷嘴等进行校对检查，以及杜绝"生料"的出现。

D 渣中 $w(Fe)/w(SiO_2)$ 波动

炉渣中的 Fe/SiO_2 是闪速炉熔炼过程中严格控制的三大参数之一。如果渣中实际 $w(Fe)/w(SiO_2)$ 比同设定值（即目标 $w(Fe)/w(SiO_2)$）有一定的差值，只要不超过3%，就应属于正常波动。

当实际 $w(Fe)/w(SiO_2)$ 同目标 $w(Fe)/w(SiO_2)$ 之间存在较大误差时，除重新进行计算以修正参数外，还必须系统检查、稳定炉况。

因为造渣反应主要发生在沉淀池内，所以要检查渣中的 $w(Fe)/w(SiO_2)$ 比是否同目标 $w(Fe)/w(SiO_2)$ 比值存在差异，应将弃渣的 $w(Fe)/w(SiO_2)$ 作为主要依据，而反应塔下部和沉淀池等区域炉渣中的 $w(Fe)/w(SiO_2)$ 往往会偏高而只能作为参考。一般来说，在炉况正常时，沉淀池炉渣中的 $w(Fe)/w(SiO_2)$ 会比弃渣中的 $w(Fe)/w(SiO_2)$ 高10%左右，如果超过10%，则说明不是炉况不稳出现"生料"，就是给定参数有问题。

E 上升烟道结瘤

在闪速炉熔炼过程中，把从余热锅炉和电收尘器收下的烟尘量与入炉干精矿量的百分比称为烟尘率。烟尘率的高低主要取决于反应塔内的熔炼制度、炉子构造以及炉膛负压等。

不管烟尘率是高还是低，由于烟尘逐渐沉积都会在上升烟道的四周，出现黏结严重的现象，导致出现如下问题：（1）上升烟道喉口面积逐渐缩小，出现排烟不畅；（2）烟尘大量积累形成的烟尘大块塌落，掉入熔池，出现"狭道"，使熔体不能顺利流入贫化区；（3）当南北两侧烟道壁上积聚大量烟尘后，有大量尘料产生时易在此形成"大坝"；（4）大块烟尘在余热锅炉侧塌落时，可能破坏锅炉管或者堵塞辐射部的灰斗；（5）事故状态或检修需要切换烟气路线时，造成水冷闸板下放困难。

针对上升烟道结瘤的问题所采取的办法是：（1）防止烟尘率过高；（2）在上升烟道及附近增加点油枪，及时化掉结瘤；（3）定期爆破，清除烟尘大块。

F　沉淀池结瘤

在反应塔下部，反应产物的温度基本相等；进入沉淀池后，其中镍锍中溶解的 Fe_3O_4 和镍铁合金等高熔点物质随着镍锍散热温度下降而部分析出，沉入炉底后逐渐形成炉底结瘤，称为冻结层或沉淀池结瘤。在冶炼制度基本稳定的前提下，沉淀池结瘤也会越来越严重，且渣层厚度越薄，结瘤速度越快。

沉淀池结瘤主要取决于镍锍的品位和反应塔的温度。适当提高镍锍品位和反应塔温度可以减慢结瘤速度，以防止沉淀池结瘤。在必要时，对形成的沉淀池结瘤可以通过反应塔加块煤、生铁等方法来处理。

G　镍锍温度和炉渣温度偏高或偏低

合理控制镍锍温度和渣温度，可以保持炉况正常，使冶炼回收率较高。如果镍锍温度过高，是因为反应塔内温度控制过高所造成的；镍锍温度过低，除了因反应塔温度过低外，还有冻结层过厚或者在长时间保温后尚未恢复的原因。炉渣温度的高低，除了受反应塔内温度的影响外，还与炉况、贫化区的送电制度、贫化区的返料加入量有很大关系。

5.2.5　镍闪速熔炼的技术条件及其控制

闪速熔炼生产正常进行是以生产的技术控制和操作控制两方面的工作为基础的，两者相互依存，相互促进，缺一不可。在保证其他体系的技术条件进行控制和操作外，闪速炉生产技术控制工作主要是围绕着配料比、镍温度、镍锍品位、渣中铁硅比以及贫化区电能单耗和贫化区还原剂的控制来进行的。

（1）合理的配料比。闪速炉的入炉物料包括从反应塔顶加入的干精矿、石英粉、烟灰及从贫化区加入的返料、石英石、块煤两部分。从反应塔顶加入的物料配比对熔炼过程起着决定性作用，其合理料比是根据闪速熔炼工艺所选定的炉渣成分、镍锍品位等目标值来计算确定的。一般目标值是不变的，某种入炉物料成分发生变化时，或在实测值与目标值差距较大时，则需要重新进行计算与调整。计算机能根据计算结果对入炉物料的比例自动进行调整。当闪速炉每小时处理 50t 镍精矿时，反应塔料比以及控制的目标值与实际值的情况见表 5-1。

表 5-1　镍精矿处理量为 50t/h 时的合理炉料比

加入		精矿	烟灰	石英	产出		目标值	实际值
化学成分 （质量分数） /%	$w(Ni)$	7.54~8.03	7.84~8.37		镍锍成分 （质量分数） /%	$w(Ni)$	31	28.93~34.20
	$w(Cu)$	3.73~3.8	3.73~3.97			$w(Cu)$	14	13.4~14.06
	$w(Co)$	0.20~0.21	0.23~0.24			$w(Co)$	0.6	0.61~0.65
	$w(Fe)$	38.59~38.86	39.00~39.80	1.08~1.17		$w(Fe)$	28	30.36~29.12
	$w(S)$	26.88~27.27	3.52~4.38			$w(S)$	24	24.86~24.13
	$w(SiO_2)$	8.22~8.57	17.12~18.19	94.77~96.63	渣成分 （质量分数） /%	$w(SiO_2)$	40.5	35.65~33.57
	$w(MgO)$	6.21~6.46	6.42~6.68	0.22~0.23		$w(MgO)$	7.5	7.79~8.12
	$w(CaO)$	1.02~1.03	39.00~39.80	0.48~0.21		$w(CaO)$	1.2	1.20~1.22
物料配比 （质量分数）/%		100	15~16	18~20	渣中 铁硅比	FeO/SiO_2	1.2	1.15~1.25

（2）镍锍温度的控制。闪速炉的操作温度控制是十分严格的，控制好操作温度是炉子技术控制的关键部分。在实际生产过程中，闪速炉的操作温度控制主要是通过对镍锍温度的控制来实现的，通常控制镍锍温度为 1150~1200℃。温度过低，则熔炼产物黏度高、流动性差、渣与镍锍的分层不好，渣中进入的有价金属量增大，最终造成熔体排放困难，有价金属的损失量增大；若操作温度控制过高，则会对炉体的结构造成大的损伤。在精矿处理量一定的情况下，通过稳定镍锍品位、调整闪速炉的重油量、鼓风富氧浓度、鼓风温度等来控制镍锍温度。

5.3　电炉造锍熔炼

传统的造锍熔炼方法主要有鼓风炉、反射炉和电炉熔炼。从环境保护和能源利用的角度看，存在许多重大缺点，尤其是因为烟气含 SO_2 浓度达不到制酸要求，因而造成环境污染治理费用高，故逐渐被闪速熔炼和熔池熔炼技术所取代。

但在处理资源丰富的低品位氧化矿时，化学结合水的脱除和矿石的预还原一般用回转窑逆流操作。如鹰桥—多米尼加镍公司将干燥和筛选的红土镍矿压团，然后在竖炉中用石脑油还原，还原后的团矿在电炉中熔炼制取粗镍铁。熔炼氧化镍矿要求能够适应高 MgO 渣、镍铁和低硫镍锍所需的高操作温度，如果能设计新型的供电系统和操作方法，完善的侧墙冷却系统等，电炉可望较顺利解决生产中的这些困难。因而在镍红土镍矿的火法冶金生产中，电炉熔炼是从氧化镍矿生产镍铁和镍锍的较好方法。

矿热电炉熔炼具有以下优点：（1）热源主要由电能转化而来，热效率高，热量集中，可获得冶炼需要的高温，并可控制冶炼产物的过热温度，从而有利于处理难熔物料，也有利于镍锍与炉渣的分离。（2）对物料的适应性强，可进行无熔剂或少熔剂熔炼，渣率小，弃渣金属损失少，实收率高。（3）烟量小，烟尘率低，有利于进一步处理。其缺点是：（1）电能消耗大，仅适于电力供应充沛或有廉价电力地区，因而限制了使用范围。（2）技术操作条件与电气参数的要求比较严格，筑炉技术也比较复杂。

在现代冶金中，铜镍冶金中所用的电炉属于复合式电炉，因这种电炉多用于熔炼矿石和精矿，故又称为矿热电炉。矿热电炉具有较高的炉温，因此被普遍用来处理含难熔脉石较多的矿石（焙砂或干燥后预还原的氯化矿）。

5.3.1 硫化镍精矿的焙烧

图 5-5 所示为电炉熔炼的典型流程。当精矿品位高、含硫量较低时也可不经焙烧直接入炉熔炼，因为电炉熔炼脱硫率低；当处理低品位精矿时，需在熔炼前采取焙烧预先脱去部分硫，再将焙砂投入电炉熔炼才能产出 Ni+Cu 含量为 24% 左右的低镍锍。

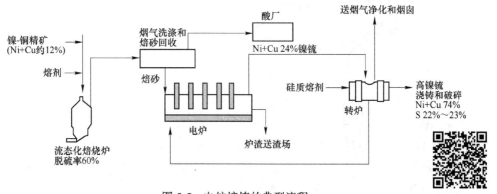

图 5-5 电炉熔炼的典型流程

扫一扫看更清楚

硫化精矿的焙烧可以采用流态化炉或回转窑，而采用前者的工厂较多。

硫化镍精矿的流态化焙烧温度一般为 $600 \sim 700℃$，FeS 氧化成 Fe_3O_4 和 SO_2 是焙烧过程的主要反应。对含有镍黄铁矿或黄铜矿精矿进行传统的部分脱硫焙烧时，几乎没有或不生成 NiO 或 Cu_2O。流态化焙烧炉工业生产的空气/精矿比控制在接近于最优化焙烧程度的化学计算需要量，氧利用率接近 100%。一般烟气中的含 O_2 量小于 1%（体积），有利于避免在烟气收尘系统中生成金属硫酸盐。硫化镍精矿焙烧的工艺流程如图 5-6 所示。

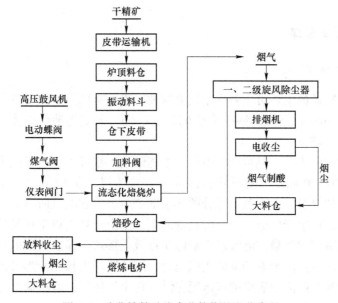

图 5-6 硫化镍精矿流态化焙烧的工艺流程

扫一扫看更清楚

　　流态化焙烧炉结构如图5-7所示。炉子是圆形二段扩大型，炉顶中央排烟，由下料溜管、溢流口、底排料口、风帽、风箱、空气分布锥、供风管道及炉砌体等几部分组成。两段扩大主要是为了缓冲炉内物料的上升速度，降低烟气中的含尘量，且能将烟气流速控制在合适的范围内，以利于旋涡收尘。风帽采用顶侧部下吹式，其优点是能够良好地分散空气，且由于空气是由下向上流动，所以能将底部物料吹起，避免沉积，还能够避免物料通过风帽漏入风箱。风帽结构如图5-8所示。

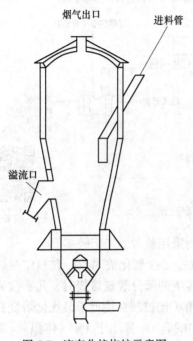

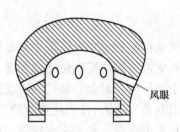

图5-7　流态化焙烧炉示意图　　　　　　图5-8　风帽结构示意图

5.3.2　电炉熔炼的基本原理

5.3.2.1　物料的熔化

　　熔炼硫化矿石和精矿的电炉可以看作是高温熔池，里面有两层熔体（见图5-9），上面的炉渣层厚1700~1900mm，下层的镍锍层厚600~800mm。装到熔池中固体物料以料堆的形式沉入渣层，形成料坡。

　　物料靠以电能为主要来源的热量进行熔化，电能通过3根或6根电极送入炉内。电极插入渣层的深度为300~500mm，电能转变为热能就是在渣层中发生的。有40%~80%的热量产生于电极—炉渣的接触面上，其余部分的热量则产生于处在电流回路中的渣层里。

　　大部分热量之所以产生于电极—炉渣的接触面上，是由于在电极工作端的周围存在着一个气体层，这就是所谓的气袋。电流以大量的质点放电形式，即以微弧的形式通过这个气袋。气袋是这样形成的：由于电子流的机械压力，熔渣脱离电极，所形成的空隙便被电极燃烧所产生的气体和由炉渣中逸出的气体所充满，这个气体层具有很高的电阻。因此电流通过气体层时产生很大的电压降，放出相应的热量。

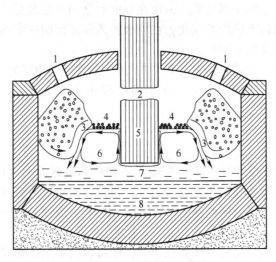

图 5-9 电炉熔炼示意图

1—炉料入口；2—炉气的运动；3—炉料熔化；4—炉渣被焦炭还原；
5—能量输入、分配和转变；6—炉渣运动和热交换；7—炉渣；8—镍锍

在电炉电场中，从电极中心线起在靠近电极的两个电极直径范围内，是熔池的导电部分（然而，电流的90%是从电极中心线起一个电极直径范围内通过的）。正是在这个区域内，电能转变为热能，远离电极中心线超过电极直径的熔池部分，不在电流的回路中，也不会产生热量。当电极之间的距离不变时，电流负荷的大小取决于电极插入渣层的深度、渣层的厚度和炉内料坡的大小。

炉内那些不产生热量的部位，由于熔池内部炉渣的对流运动，将热能从热处带到冷处而进行热交换。炉渣的对流是由于渣池各部分的热量不同而造成的。最大的热量产生于电极炉渣的接触区，在此区域内，靠近电极表面的渣层已大为过热，其温度可达 1500～1700℃或更高，由于渣中含有大量气泡，其膨胀的结果，使它的密度大大减小。因此，靠近电极表面的炉渣和远离电极的炉渣密度便产生了差别，密度小的过热炉渣在靠近电极处不断上升至熔池表面，并在熔池表面向四周扩散。

过热炉渣在其运动过程中与漂浮着的炉料相遇，使沉入熔池的料坡下部表面熔化。运动着的炉渣与温度低的熔化炉料混合后，在渣池顺流向下沉降，到达电极下端附近，一部分炉渣流向电极，在电极—炉渣接触区内被过热，重新上升至熔池表面；另一部分炉渣则继续下降至对流运动非常薄弱的渣池下层，在这里镍锍和炉渣进行分离。热渣在向远离电极方向的流动过程中，将自己的多余热量传给熔池的较冷部分，从而维持了这一部分熔池的热平衡。而那些热渣很少流动的部位，或者说温度降低的部位，则热量不足，温度只有1250～1350℃。炉子的四角、炉壁附近及电极下面的区域，这些地方就易生成炉结。

炉渣的对流运动是电炉中一个最重要的工作过程，对流运动确保电炉熔池中的热交换和物料熔化的进行，物料的大量熔化发生在电极插入的熔池区域内，也就是发生强烈的对流循环区域内。从电炉的水平面看，这个区域是在从电极中心线起1.5～2个电极直径范围内。

由于在熔池内，电能转换成热能是不均匀的，因而熔池每个部位的温度也不一致。靠

近熔体上层的温度较高，底层则较低。渣层在纵向和横向上温度是均匀的，只是垂直方向有变化，主要是在电极以下温度有变化，在电极插入深度范围内实际上是等温的，这可用其中存在激烈的对流热交换来解释。

因熔池各部分受热情况不同，显然，炉料的熔化速度随着与电极的距离增大而急剧下降。

因此，大部分炉料（80%～90%）在距离电极中心线 1.5～2 倍电极直径的范围内加入。

5.3.2.2 熔炼反应

电炉熔炼的物理化学变化主要发生在熔渣与炉料的接触面上，炉气几乎不参与反应。因此，电炉熔炼以液相和固相的相互反应为主，可以一次完成造渣和造镍的化学反应。

加入电炉的物料，主要是精矿和焙砂，其次是烟尘、返回炉料及液体转炉渣、熔剂和碳质还原剂等。

过热炉渣在对流运动中与物料表面相遇时，便将自己多余的热量传给物料。当物料加热至1000℃时，物料中便有复杂硫化物、某些硫酸盐、碳酸盐和氢氧化物的热分解发生，生成比较简单而稳定的化合物。如果入炉物料是焙砂而不是精矿，上述反应已在焙烧时完成。当物料加热到1100～1300℃时，主要是硫化物和氧化物之间的交互反应，反应产生的 Ni_3S_2、Cu_2S、FeS、CoS 相互熔合的液态产物便是低镍锍，其中溶解有少量的 Fe_3O_4 及 Cu、Ni、Fe 金属和贵金属。

碱性氧化物（FeO、CaO、MgO 等）与酸性氧化物（SiO_2）发生反应，生成 $mMO \cdot nSiO_2$ 型的各种硅酸盐，这些硅酸盐在熔融状态下互相熔合，产生了电炉熔炼的另一种产物——炉渣。熔融状态的低镍锍和炉渣在熔池中因密度不同而分开。

在物料受热熔化时，除液态产物外，还产生气体 SO_2、CO_2 等，大部分气体上升至熔池表面并进入炉膛空间随烟气排走，少部分气体则包裹在炉渣中，这就是炉渣含有大量气体的原因。

在电炉熔炼中，由于硫化物热分解所产生的硫化亚铁与高价金属氧化物反应，可使炉料中的硫被脱除一部分。当电炉熔炼未经焙烧的硫化精矿时，脱硫率为15%～18%；当熔炼焙烧后的精矿和适当加入碳质还原剂时，则脱硫率要小得多。

5.3.2.3 熔炼产物

电炉熔炼硫化铜镍精矿时，其产品有低镍锍、炉渣、烟气和烟尘。低镍锍是冶炼的中间产品，要送至转炉工序进一步富集。炉渣因含有价金属低而废弃。烟气经收尘、制酸后排入大气，而收得的烟尘则返回电炉熔炼。

A 低镍锍

低镍锍主要由 Ni_3S_2、Cu_2S、FeS 组成，还有一部分硫化钴和一些游离金属及合金。此外，在低镍锍中还溶解有少量磁性氧化铁。

在电炉熔炼过程中，低镍锍与炉渣分离的完全程度，主要取决于它们的密度差，密度差越大，分离得越彻底，而低镍锍的密度取决于组成低镍锍的各种硫化物的含量。固体低镍锍密度一般为 4.6～5.0g/cm³。炉渣密度一般在 3～4g/cm³ 之间。低镍锍的熔点同其密度一样，取决于组成低镍锍的各种金属硫化物的含量。纯硫化物的熔点：Ni_3S_2 为 790℃，Cu_2S 为 1120℃，FeS 为 1150℃。低镍锍的熔点，介于各种硫化物熔点之间。

金川公司冶炼厂电炉熔炼的低镍锍中，镍与铜的比例约为 2:1，诺里尔斯克公司电炉熔炼的镍与铜的比例约为 3:2。低镍锍中镍和铜含量之和为 15%~22%，硫含量在 22%~27% 范围内波动。低镍锍中的硫含量不足以把其中所含的金属全部硫化成硫化物状态，是由于低镍中能溶解部分金属。

低镍锍的产出率取决于入炉物料的含硫量和电炉熔炼过程的脱硫率。入炉物料含硫量越高，低镍锍的产率越大，低镍锍中有价金属的含量（低镍锍品位）就越低。因此电炉熔炼的脱硫率越高，低镍锍的产率越小，低镍锍中有价金属的含量就越高。

低镍锍具有很好的导电性。在熔融的硫化物中，Ni_3S_2 的电导率为最大，Cu_2S 的电导率为最低，其变化顺序为：$Ni_3S_2 > CoS > FeS > Cu_2S$。工厂产出的低镍锍电导率在 1100~1350℃ 时一般为 $(35~45) \times 10^2 \Omega/cm$，其数值大小取决于有关硫化物的含量和熔锍的温度。由于熔锍的导电性能接近于金属，故在电炉操作中发生翻料，镍锍上浮与电极接触后，易使电炉电流控制不稳，发生过流跳闸事故。

B 炉渣

电炉熔炼产出的炉渣主要由以下五种主要成分构成：SiO_2、FeO、MgO、Al_2O_3 和 CaO，它们的总和占总量的 97%~98%。此外，还含有少量 Fe_3O_4、铁酸盐以及金属的氧化物和硫化物。电炉熔炼炉渣成分举例列于表 5-2。

表 5-2 电炉熔炼的炉渣成分实例 （质量分数/%）

企业名称	$w(Ni)$	$w(Cu)$	$w(Co)$	$w(FeO)$	$w(SiO_2)$	$w(MgO)$	$w(CaO)$	$w(Al_2O_3)$
北镍公司	0.07~0.09	0.06~0.09	0.025	24~26	43~45	18~22	2.5~4	5~7
贝辰加公司	0.08~0.11	0.05~0.10	0.03~0.04	28~32	41~43	12~25	3~5	8~10
诺里尔斯克公司	0.09~0.11	0.05~0.10	0.03~0.04	28~32	41~43	12~24	6~8	8.5~12
汤普森公司	0.17	0.01	0.06	47~50	47~50	5	4	6
金川公司	0.14~0.18	0.1	0.06	30	30	16~19	3	

渣含金属量取决于渣和低镍锍的性质、渣温和操作技术水平，通常渣中金属含量（%）为：镍 0.07~0.25、铜 0.05~0.10、钴 0.025~0.10。炉渣成分对炉渣性质及金属损失的影响很大。在相同温度下，随 SO_2 含量增高，炉渣导电性下降，黏度升高，同时热容量增大，炉料熔化的耗电量增加，随着 SiO_2 含量增高，Ni_3S_2、Cu_2S 和 CoS 在炉渣中溶解度下降，但黏度增加，也加大了机械夹杂损失。因此，在电炉熔炼中，为降低金属损失，炉渣中 SiO_2 含量控制在 38%~41% 比较合适。

FeO 能大大改变炉渣性质，尤其是导电性。随着 FeO 含量增高，炉渣的导电性升高，熔点降低，高铁渣的流动性好，但是密度大，低镍锍和炉渣界面上的表面张力降低，低镍锍与炉渣分离条件恶化，导致金属损失增加。此外，高铁渣能很好地溶解硫化物，同样会增加金属损失。在熔炼过程中，渣中氧化亚铁的合理含量为 25%~32%。

Fe_3O_4 是一种稳定的化合物，它熔点高（1597℃）、密度大（5.18g/cm³），因而在熔炼过程中的行为对熔炼过程有很大影响。电炉熔炼的炉渣和低镍锍中存在着一定量的 Fe_3O_4。在电炉内处理转炉渣也是渣中 Fe_3O_4 的来源之一。转炉渣是由硅酸铁、游离二氧化硅、磁性氧化铁及少量的镍铜与铁的硫化物、镍与钴的氧化物等所组成的复杂熔体，转炉渣返回电炉的目的是为了回收有价金属。有的工厂为了便于从转炉渣中回收钴，转炉渣一般不直接返回电炉或仅将前期转炉渣返回电炉。

电炉渣含 MgO 量高，是硫化铜镍矿电炉熔炼的一个特点。当渣含 MgO 低于 10% 时，对炉渣性质无明显影响。当 MgO 含量超过 14% 时，炉渣熔点迅速上升，黏度增大，单位电耗增大。但炉渣中含 MgO 量高于 22% 时，炉渣电导率增大。随着 MgO 升高和 FeO 下降，渣中含有价金属降低。电炉熔炼的炉渣中氧化镁的合理含量为 10%～12%。

电炉渣含氧化钙量不高，一般为 3%～8%，对炉渣的性质影响不大。随着 CaO 含量增高到 18%，炉渣导电增大 1～2 倍，渣密度和黏度降低，硫化物（特别是 Co）在渣中溶解度减小。

电炉渣中含 Al₂O₃ 为 5%～12%，如同氧化钙一样，少量的氧化铝存在对炉渣性质影响不大。随氧化铝含量增加，炉渣黏度和金属损失增大。

5.3.3　电炉结构

大型铜镍矿熔炼电炉一般采用矩形电炉，它是由电炉本体和附属设备组成的。

（1）炉体。矩形电炉炉体主要组成部分有：炉基和炉底、炉墙、炉顶、钢骨架、加料装置、熔体放出口排烟系统、测温装置和供电系统等，如图 5-10 所示。

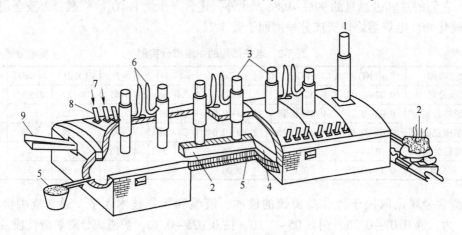

图 5-10　电炉结构示意图

1—炉气；2—炉渣；3—电极；4—焙砂；5—低镍锍；6—供电；7—加入焙砂；8—加料管；9—转炉渣流槽

1）炉基和炉底。矿热电炉炉底温度较高，需要良好的通风冷却，所以电炉炉基由若干个耐热钢筋混凝土支柱组成，便于空气流通冷却和观察炉底情况。支柱的表面向安全坑一侧倾斜，以保证炉子发生事故时，高温熔体顺利流入安全坑内。支柱上方铺设成对的工字钢梁，其上铺设一层厚钢板，钢板上砌筑镁质和黏土质耐火砖炉底，炉底为反拱形，以防止熔体侵入后，炉底砌体上浮。炉底主要由黏土砖层与镁砖层构成，两层之间有镁砂层。

2）炉墙。炉墙的外壳一般采用 30～40mm 厚钢板制成，内砌耐火砖。由于电炉高温区集中在电极附近，所以熔池区炉墙常用镁砖或铬镁砖砌筑，而最外层用耐火黏土砖，渣线以上全用耐火黏土砖，墙体留有一定的膨胀缝。为了延长炉体寿命，近年来有些厂沿炉体四周外炉墙安装冷却水套，效果很好。由于炉子两端设有熔体放出口，炉衬易损坏，故端墙较侧墙厚。两侧墙设有工作门及防爆孔，便于开停炉、观察炉况和排泄炉内高压气体之用。

3）炉顶。因矿热电炉的炉膛空间温度不高，拱形炉顶一般用300mm厚的楔形耐火高铝砖砌成。炉顶沿炉子中心线设有电极插入孔、转炉渣返回孔，中心线两侧还设有加料孔、排烟孔。

（2）排烟系统。为使烟气从炉膛均匀排出，通常在炉顶设有多个排烟孔，其配置视电极排列而定。烟气经烟道、旋风收尘器、电收尘器一系列净化设备后，根据烟气的 SO_2 浓度高低送去制酸或排空。

（3）电炉加料装置。物料是从炉顶上的矿仓加到炉子里去的。一般是利用炉顶两侧的刮板运输机，将物料运至小料仓，然后经加料管加到炉膛里，物料的给料和配料，采用电振器来进行。

（4）熔炼产物放出口。在炉子的一端设有2~4个放低镍锍口，位于炉底以上200~500m的不同标高上。放渣口一般为2~4个，设在炉子另一端上，距离炉底的高度为1450~1750mm。放渣口的标高低于渣面，是渣含镍最低的部位。

（5）测温装置。为了便于观察炉子的工作情况，在炉体的炉墙和炉顶等不同部位、不同熔池深度分别安装有热电偶，以测量指示各部位温度变化情况。

（6）电极装置。为了向电极供电，每根电极都有一套夹持、供电及使电极活动的装置。电极夹持的构件主要为铜瓦，并通过铜瓦向电极供电。电极的上下活动机构可分为机械式与液压式两种。电极的压放同样可以通过机械的方法和液压的方法来完成，前者通过钢带的续接，而后者是通过多组液压设备来完成。电极装置（包括夹持系统、升降压放系统）存在的一个重要的问题是电极的绝缘，应给予充分的注意，应保证在任何情况下绝缘都安全可靠。

5.3.4 电炉操作及常见故障处理

5.3.4.1 加料操作

电炉熔炼的炉料是焙烧车间制备的焙砂以及一些熔剂（如 SiO_2）、冷料和烟灰。加料量应严格适应炉子的熔化量，如果加料量超过熔炼能力，会因加料过量而使熔池变冷；相反，如果加料量不足将使熔炼产品过热，电能单耗增加。

当炉料含有大量粉矿且含水量超过3%时，料坡不稳定，很容易遭到破坏和翻倒。当熔炼潮湿的粉料（特别是含 MgO 很高）时因炉料透气性差，易造成水蒸气及化学反应产生的气体冲破某一料层，将熔融物料带至料坡表面形成结壳，阻碍物料的正常下降，这时沉入熔体的料坡下部已被从电极方向涌来的炉渣所熔化。因此，料坡在熔池上面部分是被悬着的。当料坡的悬空部分塌落翻料时，湿料沉入熔体从而引起更大的翻料，严重时会导致爆炸事故发生，甚至毁坏炉顶，并给操作人员带来危险。

如果加料人员发现料坡棚在渣壳（炉结）上面时，应及时报告，以便采取熔化棚料的措施（升高渣面）。只有确认料坡开始熔化后，才能继续加料。若违反这个规程会造成翻料、爆炸和烧空炉，使炉渣和镍锍过热。

炉子尾部装料过多，则炉渣沉淀区变冷，熔体的黏度升高。这就恶化了低镍锍颗粒的沉淀条件，增加金属在炉渣中的损失。当炉内低镍锍液面很高时，尤其要注意料坡的高度，因为料坡过高，炉料会沉入低镍锍层中，使熔池发生沸腾现象，破坏低镍锍和炉渣的分离条件，导致金属损失的增加。

总之，加料应勤加、少加、均匀加，根据炉况加料。如炉料中的磁粉和水分较高，都应采取低料坡操作。

5.3.4.2　电极操作

电极操作包括电极壳的接长、电极消耗后下放、电极检查、电极糊加入、电极事故及其处理。

（1）电极壳的接长。每一段新电极同旧电极壳制作端头对齐，筋片搭接紧密，然后焊接。

（2）电极的下放。随着生产的进行，电极将被消耗，因而造成电炉功率下降，为了恢复给定的功率，电极需下插。下插前要检查电极上有无杂物；检查电极糊面，糊面太低不能立即压放电极，应通知加糊人员加糊。压放电极时，加料人员必须在电极边监护。当压放电极时发生下滑、铜瓦打弧应立即停止压放。压放时发现漏油应及时处理，防止发生火灾。压放长度 50~100mm/次，电极工作位置在 400~600mm 为最佳。

（3）电极事故及其处理。常见的电极事故有电极软断、电极硬断、电极流糊等。

1）电极软断。电极软断是指电极在电极糊处于软化状况的部位产生断裂的现象。电极软断后电极糊全部流入熔池，整个电极是一个空的壳体。电极软断的主要原因是：①电极下放过多、过快，电极本身尚未达到完全烧结，往往把电极壳烧红，甚至烧断；②电极糊质量不好而悬料；③电极壳内焊接质量不好，强度不够而发生软断。处理的方法是：将该相电极停电，重新焊底并加入电极糊，用木柴或重油进行焙烧，视烧结情况来决定送电，逐步提高负荷。

2）电极硬断。电极硬断是指在电极烧结好的地方断开。产生的原因有：电极糊灰分过多，烧结质量不好，电极机械强度差；炉膛高温，漏入大量空气，使电极氧化严重，断面缩小；电极未完全烧结好。电极硬断后视硬断长度分别进行处理：硬断长度较短（200~500mm），一般可正常送电，但负荷可暂时低一些；若硬断较长时，则将该相电极停电，压放发生硬断的电极至一定的长度，使用木柴或重油焙烧，待电极焙烧良好后再送电，并逐步提高负荷。

3）电极流糊。电极流糊是指液态电极糊从电极壳破裂处往外流出，使电极不能正常工作。发生电极流糊的主要原因是：铜瓦与电极壳接触不良，而产生电弧将电极壳烧穿，电极壳焊缝断裂；下放电极时，因设备原因将电极壳撕破。防止及处理方法：严防电极壳变形，避免电极壳与铜瓦打弧现象。当事故发生后，该相电极停电，将电极的破裂口堵住，吹风冷却，焊补好电极壳后送电。

5.3.4.3　停送电操作

停送电操作包括：

（1）电炉的停电。接停电通知后，按停电时间长短安排工作。8h 以上计划停电，停电前须将炉内物料熔完，渣面降至 1.7m；短时间停电在停电 2h 前停止加料。停电时，监护 6 根电极抬高渣面即可停电。停电后，要定时上下活动电极，以免解冻后无法送电。

（2）送电操作。送电检查 6 根电极是否抬离渣面，将电焊机地线接地，火线接触电极。如果起弧说明电极接地；不起弧，说明绝缘良好。送电后下插电极，加料人员必须在加料操作台监护。电极下插时如果有上顶的现象，说明炉内熔体严重冻结，可采取加焦粉或返液体渣等措施。观察铜瓦是否打弧。长时间停电再送电时，必须待炉后放出渣后方可加料。

5.3.4.4 放锍操作

放锍岗位包括烧口操作和堵口两项人工操作。

（1）烧口。烧口时先用氧气管烧熔放出口，一旦烧口感觉吹氧管无压力，且无大量火花喷溅，液体流出，表明放出口烧开。

（2）堵口。首先将衬套放出口清洗干净，然后把装好泥球的泥盘，挂在机械化爪子上，拉下安全挡板后，将堵口压柄缓慢下压，待泥球距衬套端面 100mm 时，下压加快，接触衬套口后迅速下压且加重力量。观察无异常情况后，在压柄上挂一重物以防松动。

5.3.4.5 电炉开炉与停炉

电炉开炉与停炉操作包括：

（1）开炉。新炉的开炉一般包括烘炉及焙烧电极、熔渣洗炉、加料生产等三个程序。烘炉又分为低温和高温烘炉两个阶段，低温烘炉采用电阻丝，高温烘炉分木柴烘炉、重油烘炉、电弧烘炉三种方式。

1）烘炉和焙烧电极。矿热电炉烘炉不仅要把炉料烘到作业温度，而且要在烘炉过程中同时完成电极焙烧。因此在制定升温曲线时，既要考虑到炉体耐火材料受热变化，又要满足电极焙烧需要。

2）熔渣洗炉。熔渣洗炉的目的是使炉体进一步升温至正常作业温度，同时使液体炉渣充满砖缝，增大炉衬密实性，防止漏炉。炉渣洗炉一般需 6~8d。在电弧烤炉完成后，逐步增加炉子功率，采用较低工作电压操作。当熔渣洗炉结束时，炉底温度为 660℃左右。

3）加料生产。熔渣洗炉过程中逐步提高渣面至正常作业水平，炉后渣口烧开放出正常。炉底温度控制在 700~800℃，逐步提高负荷至正常功率，即可加料转入正常生产。炉内低镍锍面高度超过炉前放出口时，可开始放出低镍锍，开炉过程结束。

（2）停炉。电炉停炉分为临时性停炉和计划长时间停炉两种。1）临时停电。停电后，停止加料，关闭烟道阀门，注意炉内保温，电极每小时上下活动一次，以免黏于熔体表面；若临时停电时间较长，需将渣面上料坡熔完，渣面适当降低，保持适当深度的低镍锍面停电。2）计划长期停炉。在停炉前提高渣面洗炉，低镍锍面升至低放渣口 100~200mm。炉子洗干净，先排渣，渣排完后放低镍锍，直到放不出来为止。在放熔体的同时，电极要压放到指定位置，保证良好焙烧，为下一次开炉创造条件。

5.4 鼓风炉造锍熔炼

镍鼓风炉造锍熔炼是最早的炼镍方法之一，随着生产规模扩大、冶炼技术进步，以及环境保护要求的提高，这一方法已逐步被淘汰。但是由于鼓风炉熔炼具有投资少、建设周期短、操作简单、易控制等特点，再加上炉顶密封、富氧鼓风等先进技术的应用，使得这一传统的冶炼工艺在改善环境、降低能耗、烟气回收利用等方面得到不断完善和提高，因而至今仍不失为一些中、小型企业的首选工艺。

5.4.1　鼓风炉造锍熔炼原理

鼓风炉是一种竖式炉，炉料（高品位块矿、烧结块或团矿、焦炭、熔剂、转炉渣等）从炉子上部分批分层地加入炉内，空气由风口不间断地鼓入炉内使固体燃料燃烧，热气流自下而上地通过料柱，进行炉料与炉气逆向运动的热交换，从而实现炉料的预热、焙烧熔化、造锍等一系列物理化学变化，最终完成提取并分离的过程。它的工艺特点主要表现为：

（1）在鼓风炉内只有大块的物料才适用。炉气是通过炉内块料之间的孔隙向上运动，细碎粉状物料容易把孔隙堵塞或被气流带走，使炉料透气性不佳，炉气气流分布不均等。在气流分布不均的情况下，易产生炉结等故障，使熔炼无法进行。

（2）在鼓风炉内，炉料与炉气之间的逆向运动，造成良好的热交换条件，因而保证了炉内有较高的热利用率。

（3）鼓风炉中最高的温度是在炉内的焦点区，焦点区通常在风口稍上的区域内，是由焦炭强烈的燃烧或硫化物强烈的氧化形成的。炉料在下落过程中，通过温度范围很广的区域，即从加料水平面的 $300\sim500℃$ 到炉子焦点区的 $1300\sim1450℃$，也就是超过炉渣熔点以上 $150\sim200℃$。因此，炉渣和镍锍在焦点区被过热，保证了它们在炉缸或前床很好地澄清分离。

（4）鼓风炉熔炼时，气相和炉料之间的化学相互作用具有重要意义。当处理硫化矿时控制为氧化气氛，氧化程度比电炉高，脱硫率一般为 45%，最高可达 60%；当处理氧化矿时，炉内控制为还原气氛进行还原硫化熔炼。

根据矿石组成熔炼的热源与熔炼的目的不同，硫化矿的鼓风炉氧化熔炼可分为自热熔炼和半自热熔炼，半自热熔炼是典型的鼓风炉氧化熔炼。

大多数铜和镍的矿床是浸染有石英和包含脉石的硫化矿石，这种矿石其热值不能满足纯自热熔炼的条件。熔炼这种矿石需在鼓风炉中配入焦炭，进行半自热氧化熔炼。在熔炼过程中，是靠焦炭的燃烧和黄铁矿的氧化以及进一步的造渣反应热提供所需的热量。

烧结块或块矿入炉后，随着料柱的下降料温逐渐升高，便会发生干燥、脱水、分解、氧化、硫化、熔化后形成镍锍、炉渣等一系列的物理化学变化。现根据炉料在炉内向下运动过程中发生的变化分述如下：

（1）预备区（$400\sim1000℃$）：炉料入炉后首先被加热到 $300\sim500℃$，进行干燥脱水；温度达到 $400\sim500℃$ 时，一部分高价硫化物开始进行分解反应析出硫；温度升到 $500\sim700℃$ 时，首先发生固体硫化物的氧化反应。在预备区，FeS 氧化的主要产物是 Fe_3O_4，当在下部与焦炭和 FeS 接触时又还原为 FeO。

在预备区下部，温度为 $1100\sim1200℃$ 区域内，烧结块中易熔硅酸盐和硫化物共晶开始熔化，形成初期炉渣和镍锍，在往下流动过程中受到过热，并逐渐溶解其他难熔成分，成为炉渣和镍锍进入本床。铜镍锍的形成反应如下：

$$Cu_2O + FeS = Cu_2S + FeO \tag{5-23}$$

$$3NiO + 3FeS = Ni_3S_2 + 3FeO + 1/2S_2 \tag{5-24}$$

上述反应产生的 Ni_3S_2、Cu_2S 和 FeS 共熔形成一种产品镍锍，并溶有少量的 Fe_3O_4 和贵金属。

硫化铁氧化反应和钙、镁碳酸盐离解反应产生的 FeO、CaO、MgO 等碱性氧化物，将与物料中的酸性氧化物 SiO_2 反应形成各种硅酸盐。在高温下这些硅酸盐便共熔在一起，形成炉渣熔体。

（2）焦点区（1300~1400℃）：主要是发生 Fe_3O_4 的还原、FeS 的氧化（氧化为 FeO）和造渣（形成 $2FeO \cdot SiO_2$）及焦炭的燃烧反应。在焦点区，赤热的焦炭在完全燃烧前始终呈固体状态，而 FeS 则呈液体状态迅速通过而进入本床，停留时间很短。因此，在半自热熔炼中的焦点区主要发生焦炭燃烧反应，而熔融 FeS 只有少部分被氧化。

（3）本床区（1250~1300℃）：本床区是镍锍和炉渣的汇集处并初步分层，如果熔体是连续放出，在前床分离炉渣与镍锍，而本床只是它们进入前床的过道。

5.4.2 鼓风炉结构

现代鼓风炉都是密闭式，按工艺要求又有设炉缸和不设炉缸而设前床之分。由于受到鼓风压力的限制，鼓风炉通常为矩形（见图5-11），小型炉子可为椭圆形或圆形。矩形炉风口区水平截面积（即炉床面积）的宽度通常只有 1~1.5m，长度与生产规模有关。炉侧有一定的倾角，炉腹角一般为 3°~8°，以利于布料均匀和炉气自下而上的均匀运动，还便于炉结的处理，故加料水平宽度较下部风口区要宽。炉壁水套分为全水套或半水套（即炉腹部为水套而上部砌砖），可采用水冷或汽化冷却。水套宽度应注意与风口的配置，视风口区尺寸及风口间距而定，水套高度可根据炉身高度做成一节或两节。全部风口总截面积一般为炉床面积的 5%~6%，风口数量要保证风口直径不要太大，以便于操作和鼓风分布

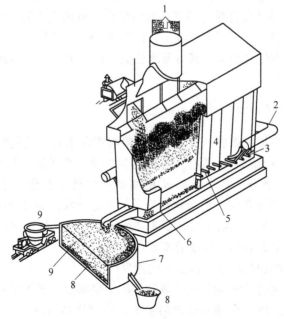

图 5-11 熔炼硫化镍矿的鼓风炉剖视图

1—炉气；2—总风管；3—风口；4—鼓风；5—水套；6—炉床；7—前床；8—镍锍；9—炉渣

均匀为宜，风口直径通常为 $\phi 80 \sim 150mm$，中心距为 $230 \sim 280mm$，风口倾角为 $0° \sim 10°$。虹吸道或咽喉口的设置要依生产规模及是否设炉缸而定，位置一般分别在炉侧或炉端，炉缸的设置主要为澄清分离镍锍和炉渣，对于较大型的炉子在炉外设前床更为有利，便于上下工序的衔接。

对于不设炉缸的鼓风炉，前床即为炉外的"大炉缸"，特别是在矿石含氧化镁较多、渣熔点高，鼓风炉难以实现对炉渣的过热和澄清时，前床增加加热设备尤为必要。前床同时起着低镍锍和炉渣的澄清分离，熔体的储存以及缓冲前后工序生产的重要作用。前床一般设有低镍锍放出口和炉渣放出口各 $1 \sim 2$ 个，分别设在炉子同一侧和同一端面，前床的容积根据炉子生产能力、熔炼产物的数量和成分而定，一般在每昼夜处理炉料 100t 时，需要前床容积 $3 \sim 6m^3$，在热平衡许可时可增大到 $8 \sim 9m^3$。

5.4.3 鼓风炉造锍熔炼的生产实践

5.4.3.1 鼓风炉用炉料

鼓风炉入炉的炉料有以下几种：

（1）含镍物料。国内鼓风炉大多处理较高品位的硫化铜镍矿块矿或烧结块，也处理杂料和废料。含镍物料还包括一些回炉料，如块状转炉渣、包子壳等。

（2）熔剂。由于矿物所含脉石成分各异，所需要的熔剂也不同，常用的熔剂有石英石、石灰石两种。直接加入鼓风炉的熔剂粒度为 $30 \sim 60mm$，如配入烧结块所用的粒度为 $2 \sim 5mm$。要求石英石含 SiO_2 大于 85%，石灰石含 CaO 大于 45%。

（3）硫化剂。在处理氧化矿或当造锍过程中炉料含硫量不足时，往往需要加入硫化剂。鼓风炉常用的硫化剂主要为石膏（$CaSO_4 \cdot 2H_2O$），其次为黄铁矿（FeS_2）。

（4）燃料。鼓风炉熔炼的热量主要来自燃料燃烧、硫化铁的氧化及氧化亚铁造渣的反应热。炉料中硫的含量越高，燃料消耗越少。在鼓风炉熔炼过程中，一般要求燃料孔隙度适当，强度高，着火点和发热值高，灰分及水分低。由于焦炭比较容易满足上述要求，因而成为鼓风炉通用的燃料。

5.4.3.2 鼓风炉炉料的制备

采用密闭式鼓风炉熔炼，精矿可以烧结或者经混捏压团后进鼓风炉。

（1）制团。镍矿在压团之前，先在干燥窑内 $700 \sim 800℃$ 高温下干燥，将矿石水分降至 $10\% \sim 14\%$，然后经破碎筛分，将小于 8mm 的粉矿与镍精矿混合，并配入适量的黏合剂（如黏土、石灰等）、熔剂和返尘，混合均匀后再加入适量水，即可送压团机生产团矿。制团是一种物理过程，并未发生化学变化。团矿必须具备一定的抗压强度，避免在入炉后破裂或爆裂。矿石中黏土成分越高，压成的团矿强度也越大。团矿的强度大才能满足鼓风炉熔炼过程所要求的较高的块料率和炉料良好的透气性。

（2）烧结。烧结法在生产中应用较为普遍，因为烧结前一般无须对粉矿进行干燥，只需将各种物料按一定配比混合后即可送烧结系统。要求烧结块透气性好，有一定的强度，以利于熔炼过程顺利进行。硫化矿的烧结是在硫化镍精矿和粉矿的混合矿中配入适量的石英石、烟尘、焦粉和水，混合均匀后送烧结机进行烧结。硫化镍矿的烧结过程是一个物理化学过程，除脱水外，矿石中的一部分硫化物转化为氧化物，脱除一部分硫。烧结层内的温度达 1150~1200℃。

烧结过程所需的热量，除了硫化矿的氧化供热之外，还需配入炉料量 8%~11% 的焦粉，使其燃烧发热以补热量的不足。当处理硫化矿的硫量增多时，烧结时放出的热量多，焦粉配入量则可减少。为了改善烧结料层的透气性，强化过程和提高烧结块的质量，还必须配入 25%~30% 的烧结返粉。

5.4.3.3 加料

炉料、燃料、鼓风和生产操作是影响鼓风炉正常作业的四大主要因素。鼓风炉熔炼的正常操作是将制备好的各种炉料（由冶金计算确定），采用分层加料的方式从炉顶侧面加入炉内，每批料的加料顺序依次为焦炭、转炉渣、熔剂、烧结块（或富矿块、团矿），熔剂和转炉渣的前后顺序可颠倒。这种加料顺序比较普遍被采用，因为每批炉料进入风口上部区域时，其下层的焦炭首先与鼓风相遇而迅速燃烧，所产生的高温气流上升与向下运动的炉料形成逆向流动而进行热交换。

入炉物料量及每批物料入炉时间间隔，因鼓风炉熔炼速度而异。一般鼓风炉批料质量为 7~10t，每批料入炉间隔为 45min，加装高度一般低于加料平台 0.5~1m，料面高度波动为 200~300mm。入炉物料经过受热、脱水、分解、硫化和熔炼等一系列物理化学过程，形成镍锍和炉渣，这两种熔体密度不同，流入炉缸或前床后进行澄清分离，上层为密度小的炉渣，下层为密度大的镍锍。

正常操作是要随时检查风口送风情况、水套冷却温度、放出口（咽喉口或虹吸道）的流通情况，以及测量镍锍面、渣面高度和熔体温度等。

5.4.3.4 鼓风

实际鼓风量应比理论值高 20%，控制风口区鼓风强度达到 $70m^3/(m^2 \cdot min)$ 或更高一点，以满足熔炼的要求。适当增大鼓风量可提高炉子的生产能力及降低燃料消耗，但风量过大也会导致炉气在炉内的分布不均匀，对炉况不利；也可以采用富氧鼓风、使用热风或风口喷燃料的措施，以提高炉床能力、脱硫率和烟气的二氧化硫浓度。风压一般取决于炉内阻力（因炉料物理性质、料柱高度及炉料分布的均匀程度而异）和炉子的宽度及高度，当炉子宽度大于 1m、料柱高于 3m 时，风压一般可控制为 6~12kPa。风压较高将有利于熔炼过程，但风压太高又将增大烟尘率和降低氧的利用率。因此，风压的控制一般还要在生产中随时调整。

5.5 镍锍卧式吹炼转炉

熔炼镍或铜镍硫化矿精矿、富块矿时，获得一种由铜、镍、铁的硫化物组成的熔体，称为低镍锍。火法炼镍流程中电炉、闪速炉等冶炼设备产生的低镍锍，由于其成分不能满足精炼工序的处理要求，因此必须进行低镍锍的进一步处理，这一过程大都在卧式转炉中进行。低镍锍转炉吹炼是往低镍锍熔体中鼓入压缩空气，利用空气中的氧和低镍锍中的硫化亚铁反应生成氧化亚铁和二氧化硫，氧化亚铁和加入炉内的石英石反应生成铁橄榄石（转炉渣）。转炉渣含铜、镍比较高，一般返回熔炼炉处理。

转炉吹炼是一个强烈的自热过程，所需要的热量全部由吹炼低镍锍过程中铁、硫及其他杂质的氧化放热和造渣反应放热来供给。低镍锍的吹炼只有造渣期，没有造金属镍期。在造渣过程中，分批加入低镍锍和生渣，保持炉内一定的液面，以保证操作的正常运行。

5.5.1 卧式转炉的构造

卧式转炉最早用于钢铁工业，1909 年用于铜锍的吹炼，以后发展为吹炼低镍锍。1960年我国第一台吹炼低镍锍的转炉在会理冶炼厂投产，以后又推广应用于金川有色金属公司。卧式转炉由炉基、炉体、送风系统、排烟系统、传动系统及石英、冷料加入系统等组成。

（1）炉基。由钢筋混凝土浇筑而成，炉基上面有地脚螺栓用来固定托轮底盘，在托轮底盘的上面沿炉体纵向两侧各有两个托轮支撑炉子的质量，并使炉子在其上面旋转。

（2）炉体。卧式侧吹转炉剖视图，如图 5-12 所示。炉体由炉壳、炉衬、炉口、风管、大圈、大齿轮等组成。

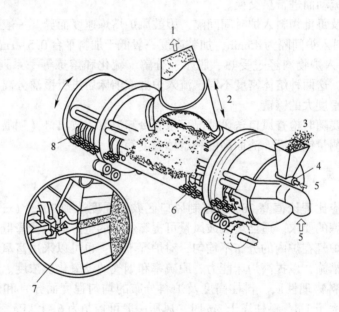

图 5-12 卧式侧吹转炉剖视图

1—炉气；2—烟罩；3—硅熔剂；4—石英枪；5—空气；
6—风动风口通打器；7—自动风动风口通打器；8—风口弯管

（3）炉壳。炉壳是炉子的主体，是由 40～45mm 厚的锅炉钢板铆接或焊接而成的圆筒。圆筒两端为端盖，也用同样规格的钢板制作。离炉壳两端盖不远处各有一个大圈，大圈内侧被固定在炉壳上，外端被支承在托轮上并可进行相对滚动。此外，在炉壳上固定有一个大齿轮，它是转炉传动机构的从动轮。当主电机转动时，通过减速机带动小齿轮，小齿轮带动大齿轮，从而可以使转炉进行 360° 回转或随意停在任一位置。

（4）炉口。炉口的作用是便于进料、放渣、出炉、排烟和维修人员修炉等操作。炉口一般呈长方形，也有少数呈圆形，炉口面积与炉体最大水平截面积之比为 0.17～0.36。炉口过小,会造成排烟不畅;炉口过大会使炉体刚度削弱,容易变形,并且增加炉内热损失和物料喷溅损失。

(5) 炉衬。为保护炉壳不被烧坏,在炉壳内侧砌筑耐火材料,现多用镁质或铬镁质碱性耐火材料作为转炉内衬。炉衬分为:风口区、上风口区、对风口区、炉肩和炉口、炉底和端墙几个区域。由于各区受热、受熔体冲刷的情况不同,腐蚀程度不同,所以各区使用的耐火材料和砌体厚度也不同。

(6) 风口。在转炉炉壳的一侧开有十几个至几十个风口,在风口里面安装有无缝钢管,空气由风口送入转炉熔池。风口倾角太小不仅加剧物料的喷溅,而且降低空气利用率;倾角太大对炉壁冲刷严重,影响炉壳寿命,同时给清理风口操作带来不便。

(7) 排烟系统。在转炉上方设有密封烟罩,烟罩的另一端与排烟管道、余热锅炉、排烟机组成排烟系统,在吹炼作业时烟罩将整个炉口罩盖住,将烟气经过排烟收尘系统送制硫酸。为排除在放渣、出炉时产生的烟气,在炉体前部设有可以旋转的旋转烟罩,在放、出炉时,将包子、炉口罩住,将烟气排出。

(8) 石英、冷料加入系统。给转炉添加熔剂的设备应保证供给及时,给料均匀,操作方便,计量准确。金川公司采用溜槽法将石英、冷料加入炉内。

(9) 传动系统。转炉装有高温熔体,要求传动设备必须灵活可靠、平稳,并能按照需要随时可将转炉转到任何位置,而且稳定在该位置上。在转炉传动机构中设有事故连锁装置,当转炉停风、停电或风压不足时,此装置能立即驱动炉子转动,使风口抬离液面,从而防止灌死风口。

(10) 供风系统。转炉所需要的空气,由高压鼓风机供给。转炉在进行放渣、进料、出炉操作时,炉子需要停风。

(11) 仪表控制。为了保证炉子的正常作业和安全生产,转炉控制室装有风压表、风量表、负压计、电流表、电压表,可供操作人员随时掌握转炉的工作情况,以便及时发现问题采取相应的措施。

5.5.2 卧式转炉吹炼的正常操作

转炉生产的正常操作包括进料、开风、加熔剂、加冷料、排渣,这样反复几次直至达到炉子容量以后再集中吹炼成高镍锍出炉。

第一次进料一般加入低镍锍两包,约30t,炉子转到吹炼位置时送风吹炼。转动炉子时应注意在风口浸没熔体前开风,以防止灌死风口。开始送风吹炼十几分钟,目的是使镍锍中的铅、锌等杂质氧化挥发,这时炉内反应放热能使炉温很快升高。当炉温升到1200~1250℃时,就可以加入冷料和石英进行造渣。冷料和石英应错开分批加入,每次加入4t左右。石英冷料的加入原则是:勤加、少加、均匀加,以保证合适的炉温和良好的渣型。

吹炼的生产实践表明,加入炉内石英的量对造渣影响很大。炉内石英多时,渣发黏,流动性差,部分夹带石英颗粒的黏渣黏附在炉壁上;放入渣包内表面结壳严重;吹炼时火焰呈蓝白色。正常的石英量和好的渣型表现为:熔体表面浮有一层较薄的石英且均匀分布,炉壁上无黏结现象,渣子流动性较好。当转过炉子放渣时,熔体液面来回摆动,渣子放入包内表面结壳较薄,喷溅出的渣子呈中空球形颗粒状,火焰微带蓝色。

从进料到第一包渣子造好约需55min,渣子造好的表现为:火焰变清并微带蓝色,喷溅物发亮。当渣造好后先加入一包低镍锍，吹炼 3~5min 后再放渣，其目的是降低渣含铜、钴等有价金属。造好的渣子放入用黄泥水刷过的 6m³ 铸钢包内，待炉内渣层厚度还有 20~30mm 时停止放渣，以免放出镍锍。放渣时应勤用渣钩测量渣子的厚度，放渣量一般每次一包，放渣时应观察炉内石英的多少和渣型的好坏。

渣放完后将炉子转到进料位置，加入一包低镍锍，转过炉子开风吹炼，并分批加入石英造渣，加入冷料控制炉温。如此反复进行直至炉内熔体占熔池容积的 1/3~1/2 时停止进料，当炉内镍锍含铁 8%~10% 时就可以进行筛炉操作。

在筛炉时渣层厚度只留 20mm 左右。筛炉操作的时间越短，金属回收率越高，产量越大。筛炉时可以适当增加石英的加入量，以加速造渣。筛炉时期炉体应逐渐向后倾，通常是 10~15min 转动一次，每次转动 100mm 左右。当吹炼火焰由混变清，烟气明显减少，火焰出现绿色时说明吹炼已接近终点，镍锍含铁已接近 2%~4%，此时就可以考虑出炉。这时向炉内加入一些石英再吹炼 2min 左右，转动炉子把渣子排掉，取样快速分析，含铁合格后就可以出炉。试样含铁的高低需凭操作者对试样的直观观察来判断。试样是否合格的直观观察方法是：合格试样的金属性能好，导电性好，表面张力大。由于这些特点，试样在试样板上的物理形状就不同，合格的断面较窄、较厚，表面具有一定的油亮光泽和皱纹。趁热砸开时观察，出炉温度高时断面呈金黄色，温度低时呈暗红色；冷却后砸开，断面晶粒细腻呈银白色。不合格含铁高的试样断面较薄，表面发暗有毛刺，热砸开断面发暗，冷砸开断面粗糙。含铁低于 2% 为过吹，过吹的断面更窄、更厚，热砸开断面金黄色迅速变成暗红色，表面失去光泽，开始出现斑点，金属性能表现更强，但产量明显下降。熔体高镍锍合格后，倒入挂渣的铸钢包内，再用吊车吊到高镍锍坑进行浇铸。

挂包是将转炉渣倒在清理干净、刷好黄泥水的铸钢包内放置 3h 后倒出渣子，在包子的内侧就形成一层渣壳。由于炉渣的熔点比高镍锍高 200℃ 左右，且导热性不好，因此能保护包子不受镍锍的侵蚀。

5.5.3　卧式吹炼转炉的故障处理

生产实践中常有吹炼温度过低、过高、渣过吹、石英熔剂过多与过少、漏炉等故障发生，必须采取措施，使其恢复正常操作。

(1) 炉温过低：是指炉温低于 1000℃，炉内熔体中的反应速度慢。其表现为：1) 风压增大，出现憋风；2) 火焰发红并摇摆无力；3) 捅风口困难，钢纤上黏结物较多。产生炉温过低的原因是：1) 进料前炉膛温度过低，石英、冷料加得过多；2) 低冰镍带渣过多；3) 炉内遗留有过多的修炉残存的耐火材料；4) 因温度低，风口黏结严重，送风困难，反应速度慢。

处理方法：1) 增加送风能力，组织人力，强化送风，使反应速度加快；2) 和上道工序联系，进一包刚放出的热镍锍，提高熔体温度；3) 倒出部分冷熔体，再加一部分热镍锍。一般采取上述措施后，造出一包渣，炉温即可恢复正常。

(2) 炉温过高：熔体温度超过 1300℃。其表现为：火焰呈白炽状态，风压小、风量大，转过炉子看炉衬明亮耀眼，砖缝明显，渣子流动性好，同水一样，不需要捅风口。

处理方法：适当加入石英和冷料以降低炉温到正常，或直接放出过热渣。炉内反应剧烈也是温度高的原因，可以减少送风以降低其反应速度。当无法加石英、冷料时，转过炉子自然降温。

（3）镍锍过吹：没有控制好出炉终点，使高镍锍含铁降到2%以下。过吹时铜、镍损失增加，一部分过吹的铜、镍的氧化物与二氧化硅造渣，另一部分黏结在炉衬上，使产量显著降低。

处理方法：放渣前向炉内缓慢加入少量低镍锍进行还原，可以降低有价金属损失。

（4）炉渣过吹：是指渣造好后没有及时放出而造成渣过吹。其表现为：炉渣喷溅频繁，过吹严重时先是喷出少量的渣继而大量喷出，甚至全部喷出。过吹的渣子呈片状，冷却后呈灰白色；放渣时渣发黏，流动性差，而且渣壳较厚。炉渣过吹的主要危害是：炉渣酸度增大，对炉衬侵蚀严重，渣含金属增加。

处理方法：先少放些渣，再放入低镍锍或木柴、废铁等还原性物质进行还原吹炼并适当减少石英的加入量，吹炼15min左右将渣放出。

（5）石英过多或过少：主要是指炉中二氧化硅的含量。二氧化硅含量少，易生成磁性氧化铁，造成操作困难，同时增加镍、钴在渣中的损失。此时要少加、勤加石英，逐渐还原磁性氧化铁为氧化亚铁而造渣。过多的二氧化硅会增加渣的酸度，对炉衬侵蚀严重，渣量增加，且渣发黏，流动性差，操作困难，金属损失增加，此时应注意适当减少石英加入量。

（6）风口区、端墙、炉腹泄漏：是指熔体从风口区、端墙、炉腹外部漏出。

处理方法：轻者浇水冷却并用黄泥堵住；严重时将熔体倒出，以防止烧坏炉壳，处理好后再继续吹炼。

（7）突然停风、停电、停水：当突然停风、停电时炉子的自动保护装置会自动把炉子转到进料位置停下来。但当转炉自动保护装置失灵时，要立即启动备用电源，转动炉子到进料位置停下来，防止灌死风口。即使自动保护装置正常也要随时监护，防止发生意外。停水时应把炉子转到等料位置，防止把水冷烟罩烧坏，待来水后才能正常作业。

5.5.4 转炉渣的电炉贫化

由转炉渣的物相组成可知：前中期与中后期转炉渣比较，铁、镍和钴均无太大变化，而对于后期渣来说，镍钴含量大幅度增加，铁则有所减少。同时，有资料分析表明，钴有90%~95%是呈氧化物状态，主要以铁的同晶形取代，分布在铁橄榄石相和磁铁矿相中，以硫化物状态存在很少（主要是机械夹杂进去）。镍有40%~50%以氧化物状态分布在铁橄榄石相和磁铁矿相中，其余也以硫化物形态存在，铜基本上呈硫化物状态存在。铁主要是铁橄榄石和磁铁矿形态，而磁铁矿相占炉渣量的13%~30%，其多少与SiO_2含量有密切关系，其含量的增加将导致炉渣含铜升高。由于转炉渣中除含有钴外还含有大量的镍、铜等有价金属，因而对转炉渣进行单独处理，破坏磁性氧化铁，并使镍、钴的氧化物还原硫化是从转炉渣中回收钴、镍、铜的关键。

在液体转炉渣贫化过程中，以硫化物形态夹杂在转炉渣中的钴及其他金属，大约在1325℃时即可沉淀进入熔锍中，而以氧化物形态存在于铁橄榄石和磁铁矿相中的钴等有价金属则需要通过加入还原剂和硫化剂。经过还原硫化，破坏磁铁矿（尤其是Fe_3O_4），生成铁质合金，主要化学反应如下：

$$Fe_3O_4 + C = 3FeO + CO \qquad (5-25)$$

$$3Fe_3O_4 + FeS = 10FeO + SO_2 \qquad (5-26)$$

$$CoO \cdot Fe_2O_3 + FeS =\!=\!= CoS + Fe_3O_4 \tag{5-27}$$

$$FeO+C(CO)=\!=\!= Fe+CO(CO_2) \tag{5-28}$$

$$CoO +C =\!=\!= Co+CO \tag{5-29}$$

$$CoO + Fe =\!=\!= FeO + Co \tag{5-30}$$

$$CoO + FeS =\!=\!= CoS + FeO \tag{5-31}$$

所生成的铁及硫化剂中的硫化亚铁，与钴（或其他金属）的硅酸盐发生如下反应，生成钴（或其他金属）及其硫化物进入熔锍中：

$$2Fe + Co_2SiO_4 =\!=\!= Fe_2SiO_4+2Co \tag{5-32}$$

$$2FeS + Co_2SiO_4 =\!=\!= Fe_2SiO_4+2CoS \tag{5-33}$$

实践表明，Fe 比 FeS 的还原反应要容易发生，它们是在熔锍与熔渣界面上发生的。

转炉渣的贫化可在几种设备中进行，但使用电炉贫化液体转炉渣是较好的方法。这是因为电炉贫化转炉渣时，除有电炉的电极中碳参与还原反应、可有效地破坏 Fe_3O_4 外，并能在相当大的范围内调整镍锍金属化的程度，因而可控制钴的回收率。

贫化电炉有圆形和矩形，其结构和矿热电炉相似，电能转换形式及其操作方法也与矿热电炉相似。电炉贫化法是采用浮选精矿或硫化矿石作硫化剂，并加入石英进行熔炼，产出低镍锍（Ni 12%~14%、Cu 6%~7%、Co 1%~1.6%）并得到含 Ni<0.1%、Cu<0.2%、SiO_2 32%~34%、Fe 38%~40%的贫化渣，可作弃渣处理。贫化电炉冶炼过程中，通过电极将电能送入炉内，其转换形式和矿热电炉相同。

5.6　高镍锍的磨浮分离铜镍

硫化镍矿一般都含铜，只是各产地由于成矿条件的不同，含量有很大的差异，如加拿大的汤普森矿、澳大利亚西部镍矿含铜很低，镍铜比达到（10~13）∶1，而加拿大萨得伯里矿镍铜比达到 1∶1，俄罗斯诺里尔斯克矿、我国新疆喀拉通克矿则含铜量比含镍量高得多。绝大多数硫化镍矿中的镍铜比在 1∶（0.3~0.8），因此，硫化镍矿的冶金都有一个铜、镍分离的问题。加拿大国际镍公司铜崖冶炼厂 1994 年以前一直采用原矿镍铜分选工艺，1994 年后又采用了高镍锍铜镍分离的技术，因此世界上硫化镍矿提取冶金的镍铜分离基本上都是以高镍锍为对象。

高镍锍中的铜镍分离是进一步从高镍锍提镍的必经工序，然而用火法冶金使镍与铜分离是困难的。只有在发明了铜镍分离技术，如蒙德法（即羰基法，1889 年由英国人蒙德等人发明）、奥尔福特法（即 1890 年美国奥尔福特铜公司发明的分层熔炼法）等，才开始大规模地从硫化矿中生产镍，这些技术多年来是硫化镍矿生产的关键，实际上分层熔炼法在加拿大一直到 1948 年才被磨浮法所取代，一种新的蒙德法仍在国际镍公司的克莱达奇精炼厂使用。本节主要讨论高镍锍的磨浮分离铜镍。

5.6.1　磨浮分离的理论依据

当高镍锍从转炉倒出时，温度由 1205℃降至 927℃过程中，铜、镍和硫在熔体中不完全混熔，在温度降至 920℃时硫化亚铜（Cu_2S）首先结晶析出；继续冷却至 800℃时，铂族金属的捕收剂——铜铁镍合金晶体开始析出。$\beta-Ni_3S_2$ 的结晶温度为 725℃，且大部分在共晶点（即所有液相全部凝固的最低温度）575℃时结晶出来，所以总是作为基底矿物以充填的形式分布于结晶铜矿中，此时 $\beta\text{-}Ni_3S_2$ 相含铜约6%。固体高镍锍继续冷却达到类共晶温度为520℃，Cu_2S 及合金相从固体 Ni_3S_2 中扩散出来，其中铜的溶解度下降约为2.5%，至390℃时 Ni_3S_2 中铜的溶解则小于0.5%，在此温度下，即不再有明显的析出现象发生。此时，Cu_2S 晶体粒径已达几百微米，共晶生成的微粒晶体完全消失，只剩一种粗大的容易解离且易采用普通方法选别的 Cu_2S 晶体。而合金则聚集长大到250μm，一般为50~200μm，且自形晶体程度较好，光片中多为自形的六面体或八面体出现，呈等粒状，周边平直，容易单体解离，具有延展性和强磁性，采用磁选方法就能予以回收。

5.6.2 高镍锍的缓冷

经过转炉吹炼得到的高镍锍，其主要成分为镍、铜的金属硫化物及少量的富含贵金属的镍、铜、铁的合金所组成的金属化锍（缺硫共熔体）。

现在普遍采用高镍锍缓冷技术来进一步提炼镍、铜及贵金属。该法是将高镍锍由转炉倒出后，在特定的铸模中进行缓慢冷却，高镍锍的各组分在缓冷的过程中成为具有不同化学相的可以进行分离的晶粒，然后用选矿的方法达到分离的目的。该方法具有工艺设备简单、金属回收率高、环境污染小、劳动条件好的特点，而被广泛采用。

缓冷用的铸模可以由耐火砖砌筑、捣打料捣打或用耐热铸铁铸成，其容量根据高镍锍的产量而定，形状可为方梯形、圆截锥体形等，铸模的竖壁倾角为45°~60°，内表面光滑，其高度根据铸锭大小、保温缓冷曲线要求及破碎条件而定，一般为600mm左右。5t以下的铸锭可在高镍锍熔体铸入模内并稍许冷却后，在其中心插入用耐火料裹住的圆钢吊钩，使其与高镍锍一起冷却，便于冷却后起吊。大的铸模应设豁口，浇铸高镍锍前用黄泥封死，起吊时取开，以便用夹钳起吊高镍锍块。高镍锍缓冷铸模示意图如图5-13所示。

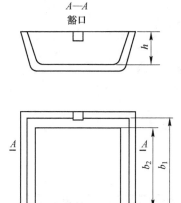

铸模尺寸					(mm)
工厂	a_1	a_2	b_1	b_2	h
金川	2850	2250	2050	1430	600
古镍	1570	1070	1100	600	350
铜崖	3660	1220	2440	2380	610

图5-13　高镍锍缓冷铸模示意图

为达到高镍锍缓冷的目的,铸模上还配有保温盖。保温盖用钢板焊制,内衬保温材料。

高镍锍的缓冷操作很简单,在烘烤或浇铸高镍锍前,将铸模豁口用黄泥封死,并在模内刷洒黄泥浆以便铸锭顺利脱模,然后对铸模进行烘烤,将脱模浆的水分烤干,避免遇湿放炮;同时使铸模具有较高的温度,防止铸模在铸入高温液态高锍时,因温度突增而炸裂损坏。对刚起吊出热高锍块的热态铸模连续使用时,不用烘烤。铸锭时,倾倒高锍熔体应缓慢进行,避免对模底猛烈的冲刷和减少熔体的溅落损失。浇铸完毕后,必须用保温盖将整个铸模盖好,一为进行保温缓冷,二为安全,防止人员不慎踩入而发生严重的烫伤事故。缓冷72h后,再用吊车吊装夹具或吊钩将铸锭吊起脱模。

高镍锍缓冷质量的好坏,直接影响铸锭的相变和以后选矿分离的质量。缓冷的质量:首先,取决于要有足够的冷却保温时间,现场要求保温时间为72h;其次,影响缓冷质量的因素还有模内高镍锍的冷却速度、铸锭的散热面积、铸锭的质量、保温措施及环境温度等。为控制铸锭的冷却速度及生产安全,现场铸模均埋于厂房地表以下,可视为地坑,且坑的大小一定,埋于地表以下的部分散热可视为一个常数,地面以下冷却速度的关键因素是保温罩及环境温度。因此要求保温罩的隔离效果要好,放在坑上应稳定,不得有空隙,在冬季应加强浇铸厂房的密封,避免浇铸厂房有对流空气发生,在此条件下冷却至390℃以下需要55~60h。高镍锍锭缓冷的温度曲线如图5-14所示。

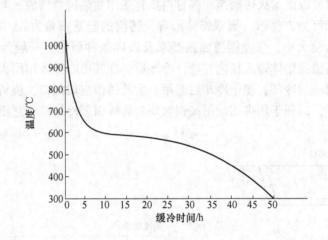

图5-14　高镍锍锭缓冷温度曲线

5.6.3　磨浮法的工艺流程

我国金川公司磨浮生产流程为四段开路碎矿、二段闭路磨矿、部分返砂磁选、一次粗选、二次扫选、六次精选,其工艺流程如图5-15和图5-16所示。

5.6.3.1　高镍锍的破碎

高镍锍锭从熔炼车间运至高镍锍堆场的粗碎厂房,计量后放入砸碎场,砸碎后经耙矿绞车送入颚式破碎机,经粗碎、中碎和细碎。

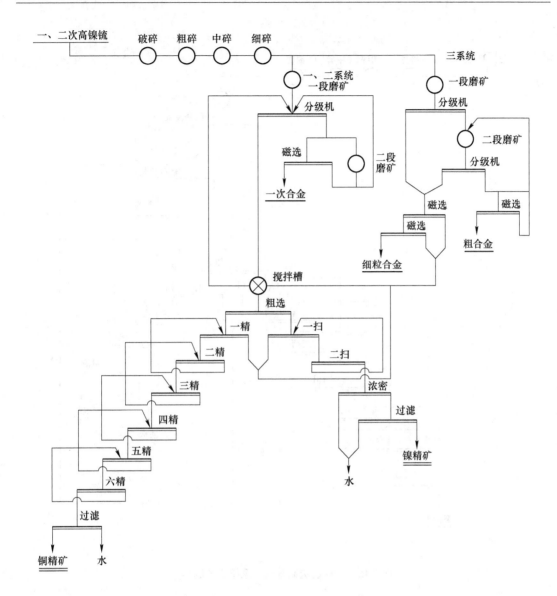

图 5-15　高镍锍选矿分离一、二、三系统工艺流程

5.6.3.2　高镍锍磨矿及浮选

一、二系统选矿工艺运行的过程是：高镍锍块由细料仓中排出，经皮带运输机送入球磨机内，进行开路磨矿。排矿进入分级机中进行分级，分级溢流进入搅拌槽，并用砂泵扬送到矿浆分配器中，自流进入浮选槽进行粗选作业，产出粗铜精矿送精选作业。每一精选作业精矿递次返到前一精选作业，直到第六次精选后产出最终产品铜精矿。一次精选尾矿流入搅拌槽，粗选尾矿经两次扫选作业产出镍精矿，中矿顺序返回。一扫精矿进入搅拌槽内搅拌，将部分矿浆输送到分级机，分级机返砂进入二段球磨机，球磨机排矿自流进入分级机。分级机和二段球磨机组成闭路循环的磨矿分级机组。合金主要富集在分级返砂中，使分级返砂中的合金含量达 60% ~ 70%。

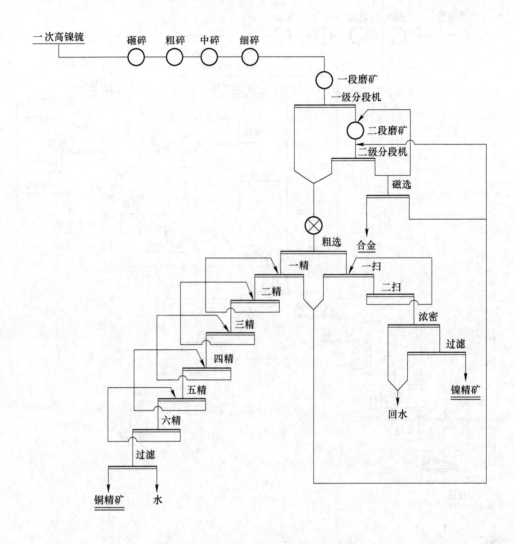

图 5-16　高镍锍选矿分离四系统工艺流程

　　四系统工序的运行过程稍有不同，高镍锍块由细矿仓中排出，送入球磨机内，进行开路磨矿。排矿进入分级机中进行分级，分级溢流进入搅拌槽中搅拌。分级返砂进入球磨机。二段磨矿的排矿进入分级机进行分级。二段分级溢流与一段分级溢流混合，进入溢流搅拌槽内搅拌，由搅拌槽中两台液下泵扬送到两台砂浆分配器中，自流进入浮选槽内进行粗选，产出的粗铜精矿进入精选。每一精选作业的精矿递次送入前一精选作业，直至六次精选后产出最终铜精矿。六次精选作业的中矿则顺序返回，一次精选尾矿经流入搅拌槽进行搅拌；粗选尾矿经两次扫选作业产出镍精矿，中矿顺序返回，一次扫选精矿流入搅拌槽进行搅拌，并用液下泵把中矿的矿浆扬送至分级机进行分级。二段分级机返砂和一段分级机返砂进入二段球磨机，排矿进入磨矿机组。通过永磁筒式磁选机，在二段分级返砂中选出含有高品位铂族金属的合金。高镍锍经上述磨矿、浮选作业后，得到精矿、尾矿和合金三种产品。

5.6.4 磨浮的产物

硫化镍矿中的铂族元素主要赋存于硫化铜镍矿中，在选矿时进入精矿中。通过火法冶炼，贵金属富集在高镍锍的合金中，经磁选后得到一次合金。由于一次合金贵金属品位较低，须将一次合金配入含硫物料中进行硫化熔炼和吹炼，使贵金属进一步富集于二次高镍锍合金中，为贵金属的提取提供较高品位贵金属的二次合金。

5.6.4.1 合金的性质

一次合金的主要矿物组成及含量为：三方硫镍矿（Ni_3S_2）15%～18%，辉铜矿（Cu_2S）10%～13%，铜铁镍合金（$CuFeNi_{8~10}$）65%～70%，金属铜1%～2%，硅酸盐、磁铁矿0.4%～0.7%。一般粒度在80～200μm之间，自形结晶程度较好，晶面平直，多为六面体及八面体，周边平直；具有延展性，容易单体解离；具有强磁性。

二次合金的主要矿物组成也是三方硫镍矿、辉铜矿和铜铁镍合金等，但二次合金是以镍基为主的铜铁镍合金，其中铜与铁的变化很大，形成连续固溶体，没有固定的化学式，其晶体大小和形成过程与一次合金相同。

5.6.4.2 合金的处理方法

A 合金的磁选

（1）一次合金的提取。一次高镍锍经破碎、磨细后，合金主要富集在二段分级返砂中，使分级返砂中的合金含量达到60%～70%，且合金有磁性。因此，用磁选机进行提取，其精矿为一次合金，产率为8%～10%。磁选尾矿返回二段分级机。

（2）二次合金的提取。一次合金和作为硫化剂的热滤渣按比例混合，经熔化吹炼形成二次高镍锍。合金经过硫化后使贵金属进一步富集在二次高镍锍中，经过磨浮磁选等手段提取二次合金，作为贵金属提取的原料。

B 二次合金的硫化

加拿大国际镍公司曾经用电炉硫化一次合金，然后用转炉吹炼得到二次高镍锍。我国用转炉来处理一次合金，这种改造后的转炉增加了燃烧加热装置，减少了吹风风口。其生产过程是一次合金和热滤渣混合后，加入卧式转炉内进行熔化，使一次合金充分硫化生成二次高镍锍，然后进行吹炼。

热滤渣是镍电解阳极泥经熔化过滤回收元素硫后的残渣，含有贵金属和镍、铜等有价元素；另外，还含有大量元素硫，故把它作为硫化剂。

硫化过程把铜、镍、铁等全部硫化生成硫化物，贵金属存在于铜镍硫化物中。吹炼过程使贵金属富集于产出的二次合金中。

为了使合金相中贵金属进一步富集，金川公司采用进一步硫化冷却磨浮。

 练习题

5-1 简述造锍熔炼的原理。造锍熔炼包括哪几个主要反应过程？

5-2 硫化镍矿造锍熔炼的熔渣有什么特点？

5-3　低镍锍吹炼的目的和原理是什么？

5-4　硫化镍矿闪速熔炼系统主要包括哪些部分？

5-5　说说镍闪速熔炼炉的基本构造？

5-6　电炉造锍熔炼分为几个典型过程？

5-7　电炉熔炼的基本原理是什么？电炉熔炼的反应主要在哪发生？

5-8　大型铜镍矿熔炼电炉一般由哪些部件组成？

5-9　在电炉熔炼过程中，低镍锍与炉渣分离的完全程度，主要取决于什么？

5-10　鼓风炉造锍熔炼原理？

5-11　说说镍锍卧式吹炼转炉的基本结构？

5-12　卧式转炉吹炼的正常操作包括哪几个步骤？

5-13　如何对转炉渣进行贫化处理？

5-14　高镍锍的磨浮分离的理论依据？

6 硫化镍阳极电解精炼

在镍的火法冶炼工艺中，缓慢冷却、选矿分离高镍锍和镍的硫化物阳极电解是 20 世纪 50、60 年代镍冶金技术的重大发展，我国的金川公司和成都电冶厂都应用了这项技术。目前，我国的镍产量 90% 以上是用火法冶炼工艺生产的。磨浮分离产出的硫化镍含 Ni 73%、Cu 0.6%，几乎没有贵金属，一部分熔铸成硫化镍阳极送电解精炼厂。

6.1 硫化镍阳极电解精炼的原理

6.1.1 概述

镍的电解分为硫化物阳极电解和粗镍阳极电解。两种工艺的共同特点是：（1）溶液需要深度净化；（2）采用隔膜电解；（3）电解液为弱酸性。本章只对硫化镍阳极电解进行论述。

在镍电解过程中，为了防止阳极溶解下来的 Co^{2+}、Cu^{2+}、Fe^{2+} 等杂质离子在阴极上析出，用隔膜袋将电解槽分为阴极区和阳极区两部分使阴极和阳极隔开（见图 6-1）。经过净化的纯电解液从高位槽流入隔膜袋（即阴极区），袋内的液面始终高于阳极区的液面，并保持一定的液面差，使阴极液依靠静压差通过隔膜袋微孔渗入到阳极区的速度大于在电流作用下杂质离子从阳极移向阴极的移动速度，阻止阳极液进入阴极区，从而维持了隔膜内电解液的纯净，保证了电镍的质量。从电解槽溢流出来的阳极液送往净化工序；阳极泥送去回收钴、铜及贵金属并且副产大量元素硫。

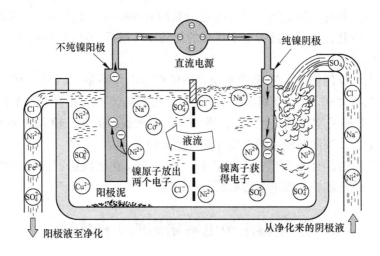

图 6-1 镍电解精炼过程示意图

扫一扫看更清楚

6.1.2　阳极溶解反应

硫化镍阳极主要组成为 Ni_3S_2 及部分 Cu_2S、FeS 等硫化物，其化学组成（质量分数）约为 $w(Ni)>40\%$，$w(Cu)<25\%$，$w(S)$ $19\%\sim23\%$。在电解阳极发生如下的溶解反应：

$$Ni_3S_2 - 6e \Longrightarrow 3Ni^{2+} + 2S \tag{6-1}$$

Cu，Fe 等杂质也发生溶解：

$$Cu_2S - 4e \Longrightarrow 2Cu^{2+} + S \tag{6-2}$$

$$FeS - 2e \Longrightarrow Fe^{2+} + S \tag{6-3}$$

硫化镍阳极溶解时，因控制的电位比较高，S^{2-} 已氧化成为单体硫，可进一步氧化成为硫酸：

$$Ni_3S_2 + 8H_2O - 18e \Longrightarrow 3Ni^{2+} + 2SO_4^{2-} + 16H^+ \tag{6-4}$$

$$H_2O - 2e \Longrightarrow 1/2O_2 + 2H^+ \tag{6-5}$$

式（6-4）和式（6-5）也是电解造酸反应，因此，电解时阳极液的 pH 值会逐渐降低。在电解生产过程中取出的阳极液，其 pH 值在 1.8~2.0，所以以在返回作为阴极液时，除了要脱除溶液中的杂质外，还需要调整酸度。造酸反应所消耗的电流为总电流的 5%~7%，使阳极电流效率低于阴极电流效率。这是造成硫化镍直接电解中，阴、阳极液中 Ni^{2+} 不平衡的原因之一。

6.1.3　镍还原的阴极反应

当镍电解精炼采用硫酸盐—氯化物混合体系时，溶液呈弱酸性，pH 值为 4~5。当控制阴极电位一定时，主要为 Ni^{2+} 在阴极还原，即：

$$Ni^{2+} + 2e \Longrightarrow Ni \tag{6-6}$$

如前所述，氢在镍电极上析出的超电压较低，致使镍和氢的析出电位相差较小。因此，在电解过程中，溶液中的氢离子可能在阴极上析出：

$$2H^+ + 2e \Longrightarrow H_2 \tag{6-7}$$

在生产条件下，氢析出的电流一般占电流消耗的 0.5%~1.0%，同时，镍能吸收氢而影响产品的质量。因此，为了保证镍电解精炼的经济技术指标和产品质量，防止和减少氢的析出是很重要的。

由于金属析出电位的影响，对于镍来说，阴极析出电位不是-0.25V，镍阴极在硫酸镍溶液中的析出电位为-0.57~-0.60V，在这样低的阴极电位下溶液中的杂质 Fe^{2+}、Cu^{2+}、Co^{2+}、Pb^{2+}、Zn^{2+} 等都可能在阴极上析出，影响电解镍质量。因此，输入的阴极新液必须经过预先净化处理，以控制溶液中的杂质在允许的范围内。

很明显，镍在阴极的还原反应越容易进行，氢和杂质在阴极的析出越难以进行。因此，阴极镍的产品质量越好，镍电解的电流效率越高。

6.2　硫化镍阳极电解精炼的生产实践

硫化镍阳极是将高镍锍经缓冷和选矿分离后所得的二次镍精矿再熔铸而成，阴极始极片是用钛板或不锈钢板作阴极在种板槽中析出来的纯镍片，在剥离、剪切、冲压后，始极片悬挂于用帆布嵌于木（钢）框架内构成的阴极室中进行电解。在阴极室隔膜外为阳极室，在这里发生硫化镍阳极溶解，从阳极室溢流出来的阳极液被送往净液，除去铜、铁、钴等杂质，得到纯净的阴极液返回电解槽阴极室，于是镍从阴极液中沉积在阴极上。图6-2所示为硫化镍电解工艺流程。

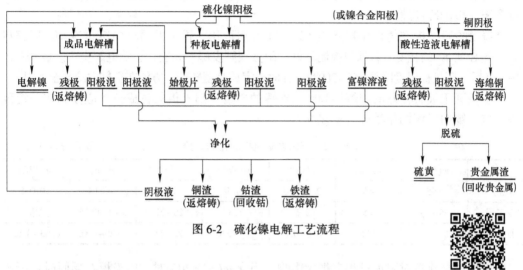

图 6-2　硫化镍电解工艺流程

扫一扫看更清楚

硫化镍阳极电解时，由于阴、阳极电流效率差和阳极液净化过程产出各种净化渣带走镍，因此必须给电解镍生产补充足够的镍量。一般采用酸性造液电解以获得富镍溶液来补充电解液中的镍。酸性造液电解槽的阳极可用硫化镍阳极，也可用镍合金作阳极，阴极为铜片；电解液为各种渣的洗水或其他车间排出的含镍溶液，配入一定的硫酸或盐酸而成。

生产电解镍的成品电解槽和制造始极片的种板电解槽均采用相同的隔膜电解槽，其结构比较复杂；造液电解槽采用无隔膜电解槽，比较起来其结构要简单。

6.2.1　硫化镍阳极的浇铸制备

制备硫化镍阳极时，首先将高镍锍浮选产出的硫化镍二次精矿，经反射炉熔化、浇铸、缓冷等工序制成具有一定物理规格的阳极板，供电解精炼生产电解镍，同时也除去大约 10% 的杂质。

熔铸硫化镍阳极板的主要原料为二次镍精矿，此外还有电解残极板及返回物，其主要化学成分见表6-1。

表 6-1　熔铸硫化镍阳极板的原料成分　　　　　　　　　（%）

原料	$w(Ni)$	$w(Cu)$	$w(Fe)$	$w(Co)$	$w(S)$
二次镍精矿	63	3.5	1.8	0.9	26
阳极碎片	68	4.0	1.7	1.0	24
烟尘	20	1.4	3.5	0.5	8.4

硫化镍电解的残极率约为 25%。电解时残极表面附有阳极泥及一些电解液，为防止炉

内发生"放炮"事故,残极也须自然干燥。返回物料主要为加镍精矿时产生的烟尘、浇铸包上的结壳或浇铸时产生的不合格阳极、喷溅物以及撒落在地面上的金属硫化物,从炉渣中捡出的金属物料等。

在硫化镍阳极浇铸时,基本上维持反射炉内为零压。放出的硫化镍熔体,经流槽流入中间浇铸包,人工控制间断注入直线浇铸机的浇铸模中,浇铸时主要控制熔体温度、模子温度和阳极板的冷却速度。

浇铸后的阳极板在铸模中冷却至 $650 \sim 700\,^{\circ}\mathrm{C}$ 后取出,置于保温坑内缓慢冷却,以完成 βNi_3S_2 到 $\beta' Ni_3S_2$ 的相变。若保温控制不好,阳极板则发脆、易裂,影响电解生产。经48h的缓慢冷却后,阳极板温度降至 $150 \sim 200\,^{\circ}\mathrm{C}$,此时已完成晶型转变,方能在空气中冷却至室温。

为了保证阳极有良好的溶解性和阴极电镍的质量,阳极板的各成分都应控制在一定范围内。硫化镍阳极板的化学成分见表6-2。

表 6-2　硫化镍阳极板的化学成分　　　　　　　（质量分数/%）

工厂	$w(\mathrm{Ni})$	$w(\mathrm{Cu})$	$w(\mathrm{Co})$	$w(\mathrm{Fe})$	$w(\mathrm{S})$	$w(\mathrm{Zn})$	$w(\mathrm{Pb})$
Ⅰ工厂	>65	<5	0.8~1.0	<1.9	<25	<0.004	<0.005
Ⅱ工厂	65~70	<5	0.6	1.5	20~22	0.01~0.05	微量
Ⅲ工厂	62~65	3~5	0.6~0.8	2.5~3.0	22~23	0.025~0.05	0.03~0.05

阳极板的含硫量对阳极过程有很大影响,当含 $w(\mathrm{S})<20\%$ 时,阳极板在凝固时会析出金属相。在阳极反应中,金属相会优先溶解,产出大量含 Ni 很高的阳极泥;当含 $w(\mathrm{S})>25\%$ 时,阳极板发脆易碎,而且阳极造酸反应严重,也不利于生产。铜是硫化镍阳极的主要有害杂质。铜以 Cu_2S 形态存在于阳极板中,含铜低时,对硫化镍阳极溶解速度影响很小;当含铜高于10%时,因 Cu_2S 优先于 Ni_3S_2 溶解,对硫化镍阳极溶解和电解镍质量都有极不利的影响。

阳极板含铁低时对电解影响很小,但含铁高时会造成阳极极化明显加剧,槽电压迅速上升,阳极造酸反应相应加强,严重时会引起阳极钝化。

阳极板还含有一定量的钴及微量的铅、锌等,它们由于含量很少,对阳极溶解影响不大,主要是对溶液净化及阴极沉积物的影响。

6.2.2　电解槽的结构及电路连接

6.2.2.1　硫化镍电解槽的结构

A　槽体

硫化镍阳极电解主要设备为电解槽。电解槽壳体用钢筋混凝土制成,内衬防腐材料。我国曾采用过的防腐衬里有:生漆麻布、耐酸瓷板、软聚氯乙烯塑料板、环氧树脂等。目前采用较多的是环氧树脂,用它作衬里强度高,整体性好,防腐蚀性能良好。防腐蚀效果主要取决于配方的选择、基层表面处理、环氧树脂布排列和树脂渗透程度、热处理条件是否合理等。金川公司施工的电解槽环氧树脂内衬,铺贴环氧树脂 5~7 层,使用寿命长达十余年。在电解槽(见图6-3)底部的防腐蚀衬里上,砌上一层耐酸瓷砖以保护槽底免受腐蚀。槽底设有一个放出口,用于排放阳极泥。电解槽安装在钢筋混凝土横梁上,槽底四角垫以绝缘板。硫化镍阳极电解槽技术性能参数见表6-3。

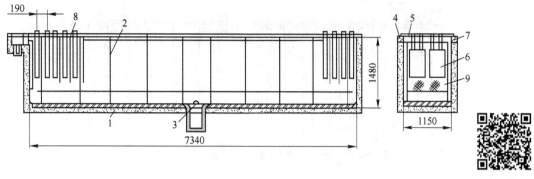

图 6-3　硫化镍阳极电解槽
1—槽体；2—隔膜架；3—塞子；4—绝缘瓷板；5—阳极棒；
6—阳极；7—导电板；8—阴极；9—隔膜袋

扫一扫
看更清楚

表 6-3　硫化镍阳极电解槽的技术性能参数

项　目	Ⅰ工厂	Ⅱ工厂	Ⅲ工厂
生产能力/t·a⁻¹	40000	1200	600
电解槽数/个	384	44	17
种板槽数/个	38	2	1
造液槽数/个	96		
电解槽长度/mm	7340	3680	7600
宽度/mm	1150	1170	700
深度/mm	1480	1320	1200
电解槽材质	钢筋混凝土衬环氧树脂	钢筋混凝土衬环氧树脂	钢筋混凝土衬生漆麻布
阳极（长×宽×厚）/mm×mm×mm	860×370×(50~55)	730×350×35	470×650×(25~30)
阴极片（长×宽)/mm×mm	880×860	850×870	490×670
每槽阳极数/片	38×2	19×2	41
每槽阴极数/片	37	18	40
同极中心距/mm	190	190	190~200

B　隔膜架

镍电解精炼使用的隔膜是由具有一定透水性能的涤棉制成的隔膜袋，套在形状为长方形上方开口的隔膜架上，以便放入阴极和盛装净化后的电解液。隔膜固定在隔膜架上，现在我国镍电解精炼厂都采用圆钢作骨架，外包环氧树脂或橡胶作防腐层的组装式隔膜架（见图6-4）。

C　酸性造液电解槽

酸性造液电解槽的壳体材料、尺寸和防腐衬里都与成品电解槽完全相同；不同的是它不用隔膜袋，也就不放置隔膜架，属无隔膜电解槽，其结构示于图6-5。

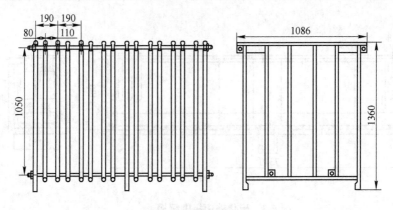

图 6-4　组装式隔膜架

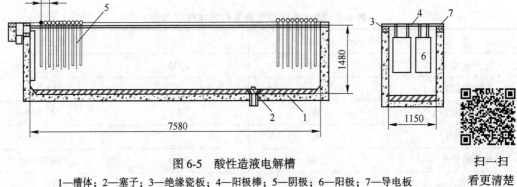

图 6-5　酸性造液电解槽

1—槽体；2—塞子；3—绝缘瓷板；4—阳极棒；5—阴极；6—阳极；7—导电板

扫一扫
看更清楚

6.2.2.2　阴、阳极的规格

A　阳极

我国硫化镍电解精炼厂都采用小型阳极，即每根阳极棒上挂有两块阳极板。硫化镍阳极的挂耳是在阳极浇铸时预先埋入的铜线环或扁钢环（见图 6-6）。在生产上，除化学成分有一定要求外，对硫化镍阳极外形规格也有一些基本要求。

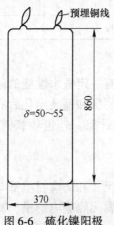

图 6-6　硫化镍阳极

B　阴极

镍始极片（阴极片）是由种板剥离下的镍薄片经压纹、钉耳等工序加工而成的。为了避免阴极边缘生成树枝状结晶，阴极的宽度和高度都分别比阳极大 40~50mm（见图 6-7）。

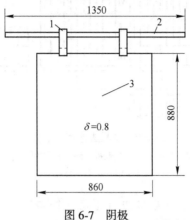

图 6-7　阴极
1—挂耳；2—阴极棒；3—始极片

C　种板

目前硫化镍电解厂都采用钛材作种板（见图 6-8）。与不锈钢种板相比，钛种板耐腐蚀性强，始极片易剥离。新的钛种板由于板面光滑，沉积的镍不易成型，因此在使用前需要预处理。处理方法是将钛种板在含硫酸 400~700g/L，80~90℃ 的水溶液中浸泡 0.5~1min，取出后用清水冲洗干净，再用粗砂纸在种板左右两侧及底部打出宽约 30mm 的光边，套上耐酸橡胶边后即可使用。钛种板使用 3~5 个月后，需要再用上述方法处理一次。始极片成张率可达 95% 以上。

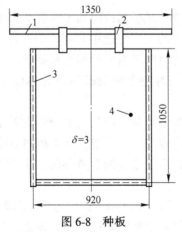

图 6-8　种板
1—挂耳；2—阴极棒；3—橡胶套；4—钛种板

6.2.2.3　电解车间直流电路连接

镍电解车间直流电路连接方式一般采用复联法，即每个电解槽内的全部阳极并列相连，全部阴极也并列相连，而槽与槽之间则为串联连接，即所有电解槽都是串联在直流供电线路内，如图 6-9 所示。

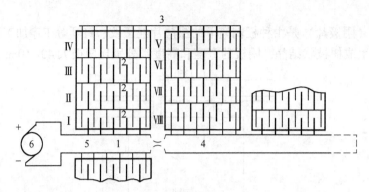

图 6-9　复联法连接示意图

1—阳极导电排；2~4—中间导电板；5—阴极导电排；6—硅整流器；

Ⅰ~Ⅷ—单个电解槽

　　电解槽在进行出装作业时，一般要进行短路"横电"。"横电"操作是在电解槽两端各用一矩形或方形棒，将电解槽两侧的槽帮母线连接，使得槽电流从此棒上短路流过，而不再通过该槽的阴极和阳极。但是由于镍电解的槽电压高，电流大，此"横电"方法易造成烧毁母线、放炮、断路停电等事故，现在已在槽头安装了固定"横电"装置，减轻了劳动强度，比较安全可靠。

6.3　硫化镍阳极电解精炼生产技术操作条件控制

6.3.1　电解液成分

　　用于硫化镍电解的电解液须有足够高的镍离子浓度和很低的杂质离子浓度，为了避免阳极钝化，采用硫化镍电解工艺的工厂都选用含有硫酸盐和氯化物的混合电解液。在硫化镍阳极电解过程中，选择合适的电解液组成是非常重要的。不同的电解液组成，不仅影响产品的化学成分和物理规格，同时还影响阳极和阴极电位，影响电耗及各种试剂消耗等指标。

　　在电解液中镍是主金属，为了得到纯产品电解镍不仅要求电解液中的杂质含量低于规定范围，而且对主金属离子浓度也有一定要求。在电解过程中，提高阴极液镍离子浓度或阴极液循环速度是提高阴极区镍离子浓度的有效办法，生产中一般控制镍离子浓度在 70~75g/L。

　　电解液中的氯离子首先可以降低电解液电阻，提高溶液的导电性，使得槽电压降低，电耗减少；其次氯离子可以减轻甚至消除电极的钝化现象。氯离子还可以使镍离子的析出反应比氢离子容易，从而减少氢气的析出，改善了电解镍质量。在考虑贵金属回收率的前提下，采用高氯离子浓度或纯氯化物电解液是有利的，一般控制氯离子浓度在 50~90g/L。

　　在电解过程中，钠离子能够提高电解液的导电性，降低溶液的电阻，使电耗降低。但钠离子浓度过高会增大阴极镍的内应力，引起镍板爆皮、弯曲，还可能促使电极极化现象更为严重。此外，还将增大溶液的黏度和隔膜袋的阻力，影响过滤性能，极易产生结晶，堵塞管道和阀门，影响正常生产。因此，Na^+ 浓度应高于 45g/L。

Cu、Pb 的电位比 Ni 正，Fe、Co 的电位虽比 Ni 负，但其超电压比 Ni 小，因此它们有可能和 Ni 共同放电析出，影响电解镍质量。考虑到生产上深度净化的难度及其生产成本，一般以控制不影响电解镍化学成分合格为准。

当电解液中有机物超过一定值时，对电解过程是不利的，必须尽量防止有机物进入电解系统。因此，一般控制电解液中有机物含量低于 1g/L。

6.3.2 电解液 pH 值

当溶液 pH 值较低时，氢的析出电位较正，氢优先于镍在阴极上析出，使电流效率降低，并在电解镍表面上形成大量气孔；当 pH 值较高时，在阴极表面上 Ni^{2+} 发生水解，产生 $Ni(OH)_2$ 沉淀，因而得不到致密的阴极镍。因此，一般阴极液的 pH 值控制在 4.6~5.0 之间。

在电解过程中加入硼酸后，可使阴极表面电解液的 pH 值在一定程度下维持稳定，这就有可能减少镍的水解和碱式盐的生成，有利于电流效率的提高。另外，硼酸的存在还可以减小阴极电解镍的脆性，使电解镍表面平整光滑。为了保持电解液的 pH 值为 4.6~5.2，H_3BO_3 的加入量一般为 5~20g/L。

6.3.3 电解液循环

电解液循环的目的是：（1）不断向阴极室内补充镍离子，以满足电解沉积对镍离子的要求；（2）促使阴极室内溶液流动，增大离子扩散速度，降低浓差极化。隔膜电解溶液循环方式是阴极液以一定的速度流入阴极室，经电解沉积后的贫化液，则通过隔膜渗入阳极室，阳极液送往净化工序进行除杂处理。电解液的循环速度与电流密度、电解液含镍离子浓度和电解液的温度等因素有关，阴极液循环速度一般控制为 380~420mL/（袋·min）。

6.3.4 电流密度

电解槽的生产能力几乎随电流密度的提高而成比例地增加。但是，过高的电流密度可使氢析出，导致产生疏松状沉积物。硫化镍阳极电解工艺的阴极电流密度一般为 $200A/m^2$。适当控制操作条件，电流密度可提高到 $220A/m^2$ 以上。当然随着电流密度的提高，槽电压也会相应增加，所以电耗也随之增加，对于用提高电流密度来提高电解槽生产能力的问题，必须进行经济分析。

6.3.5 电解液温度

提高电解液温度可以降低电解液的黏度，减少电耗，加快离子扩散速度，减少电解过程的浓差极化及阴极附近的离子贫化现象，减少氢气和杂质离子在阴极上的析出而影响产品质量。温度过高，将加大溶液的蒸发量，不仅恶化了劳动条件，而且使溶液浓缩，阴极沉积物变粗；过高的温度也增加了能源消耗，增加了成本。一般电流密度为 $150~200A/m^2$ 时，电解液温度为 55~60℃；当电流密度提高到 $220~280A/m^2$ 时，电解液温度相应提高，控制在 65~70℃。

6.3.6 阴、阳极液面差和同极中心距

阴、阳极液面差是指隔膜袋内阴极液面与隔膜袋外阳极液面高度之差。利用液面差所

产生的静压力使溶液由阴极室向阳极室渗透，以阻止阳极液的反渗透而污染阴极液。因此，一般控制位差 $H = 30 \sim 50mm$。

同极中心距（L）是指电解槽中两个相邻阳极（或阴极）中心之间的距离。缩小极间距离可能减小电解液的电阻，降低槽电压，从而减少电耗。此外，还可以增加槽内极片数以提高设备的生产能力，增加产量。但过小的极间距给操作带来麻烦，电极黏袋和极间接触短路的可能性增大。硫化镍阳极电解工艺采用隔膜电解，槽内阴、阳极用隔膜架隔开，因此同极中心距比无隔膜电解大得多，一般同极中心距保持在 $180 \sim 200mm$。

6.3.7　阴、阳极周期和掏槽周期

镍电解阳极周期取决于阳极板厚度、电流密度和残极率大小，一般阳极周期为 $8 \sim 10d$。阴极周期除与电流密度、阴极产品表面质量有关外，还与劳动组织等有关，一般为阳极周期的 $1/2$。

硫化镍阳极在进行一定时间电解后，就会在其表面形成阳极泥层。为了防止在电解槽底部由于阳极泥的堆积而使得阴极隔膜下部的电解液循环恶化，以及发生阴、阳极短路，一般根据电流强度的大小，在 $3 \sim 6$ 个月之内进行一次掏槽清理。

硫化镍阳极电解的技术操作条件见表6-4。

表 6-4　硫化镍阳极电解精炼生产的技术操作条件

项　目		I 工厂	Ⅱ工厂	Ⅲ工厂	汤普森冶厂（加拿大）
阴极液组成	Ni/g·L⁻¹	大于70	60~65	60~70	75
	Cu/mg·L⁻¹	小于3	0.3	小于0.3	
	Fe/mg·L⁻¹	小于4	0.6	小于0.5	
	Co/mg·L⁻¹	小于20	1.5	小于1	
	Zn/mg·L⁻¹	小于0.35	0.3	小于0.3	
	Pb/mg·L⁻¹	小于0.3	0.08	小于0.05	
	Cl⁻/mg·L⁻¹	大于70	70~90	120~130	45~50
	Na⁺/g·L⁻¹	小于40	45~60	小于50	65
	H₃BO₃/g·L⁻¹	4~6	大于5	8~15	20
	有机物/g·L⁻¹	小于0.7	小于1	1	
	pH 值	4.6~5.0	2~2.5	2~2.5	3.5
电流强度/kA		13.5~13.8	4.1	5	10
电流密度/A·m⁻²		250	180~210	170~200	240
电解液温度/℃		65	60~65	65	63
同极中心距/mm		190	190	190~200	197
循环量/L·(A·h)⁻¹		0.065	0.08	0.085	0.08
阳极周期/d		9~10	9~10	6~9	21
阴极周期/d		4~5	3	6~7	10
阴阳极液面差/mm		30~50	30~50	50~60	20~25
掏槽周期/月		4~5	2~3	3	

6.4　电解过程的正常操作

6.4.1　阴、阳极下槽准备

吊耳（小耳）阳极在下槽前，首先要在排架板上进行排板。所谓排板操作就是把阳极按照规定的阳极板间距，在架子上排列好，并调整好吊耳的高度，以防铜耳浸没溶液中，并打齐导电铜棒上的阳极吊耳（对于大耳阳极则只要调整好极间距）。

阳极棒使用前应通过光棒机磨光表面，去掉铜棒表面的氧化层，使其和阳极吊耳接触良好。槽帮母线的接触点也应清理干净。

始极片在入槽前首先应在浓度为 $10 \sim 20g/L$ 的盐酸溶液中浸泡 $3 \sim 30min$，然后再用热水冲洗干净，其目的是为了防止电镍爆皮，产生夹层和出现麻孔。为了确保阴极铜棒和阴极吊耳之间的导电良好，也要将吊耳和铜棒表面上的氧化物以及其他附着物清理干净。

始极片插入隔膜内时一定要放正平直，否则会因黏袋而造成隔膜穿孔。对于刚度小的始极片，在下槽后由于沉积物内应力的影响，容易发生弯曲变形，严重时也会刺穿隔膜，与阳极形成短路，因此在下槽后的第二天，再将阴极取出进行平直校正，俗称"平板"操作。虽然平板操作劳动强度大，但有利于提高电解镍的质量和产量。某厂试验成功的液压平板压纹机，压力为 $118 \sim 157MPa$，压出的"米"字形加强筋宽 30mm、深 2mm，经过压纹的始极片下槽后的弯曲变形现象大大减少。

6.4.2　出装槽操作

在电解槽出槽时，需要短路断电。在单槽人工横铜棒短路断电时，由于槽电压高，电流大，横电不好会烧毁导电母线，导致放炮断路事故。现在经过改进固定了横电装置，杜绝了以上事故的发生。阳极周期的天数视电流密度大小和阳极含硫高低而定，对于粗镍阳极，阳极周期为 $14 \sim 18d$，期中一般不再进行刮阳极泥作业。对于硫化镍阳极，由于阳极泥率较高，阳极周期一般只有 $12 \sim 15d$，而且期中要求安排 $1 \sim 2$ 次刮阳极泥作业，以防止槽电压上升。为了确保阴极析出物的物理规格，阴极周期一般为 $3 \sim 6d$。

在进行极板吊装时，在没有大型平台的车间均要采用接液盘，以使吊车行走时淌下的溶液、阳极泥等落入盘中，避免污染其他槽的阴极室。采用大型平台吊车作业，由于缩短了横电时间，有利于提高电解槽的生产能力。

在进行更换阳极或刮阳极泥作业时，为防止阳极泥污染阴极室，隔膜袋上一定要加盖盖好。在新的阴、阳极入槽时，槽帮母线各接触点均要擦洗干净，为了防止在装新阳极时由于槽内溶液体积增大而造成阳极液倒流入阴极室，要求入槽前抽掉一部分阳极液。新的阴、阳极入槽后，要重新校正阴、阳极的相对位置，检查阳极吊耳高度，防止铜吊耳浸入阳极液中。

6.4.3　电调操作

电调操作是在槽面上进行的，包括极板导电、隔膜使用、新液流量和阴、阳极液面差以及阴极沉积状态等方面的检查，并按操作规程及时调整处理。

（1）检查阴极室内液面高度，保持阴、阳极液面差在 30～50mm，对于破损或不能维持液面差的隔膜袋及时进行更换。

（2）检查阴、阳极导电棒与槽帮母线接触点的导电情况，每班要进行擦洗一次，并用"短路打火法"检查其通电与否。

（3）调节新液流量，控制新液使用量。

（4）检查隔膜内阴极沉积情况，发现阴极出现爆皮、长气孔、长海绵镍等情况，应及时进行处理。

6.5　电解镍质量缺陷的形成及预防

6.5.1　气孔的产生及排除

在镍电解过程中，当阴极析出的氢气泡黏附粉尘并附着于阴极表面的某一点时，由于气泡隔断了该处的电力线，使通过该点的电流几乎为零，从而使该处的金属镍晶粒停止生长，最终形成空穴（气孔）。如果不及时排除这些气泡，那么电解镍的气孔将会越来越严重，最终导致产品质量下降。造成气泡滞留在阴极表面不能逸出而形成气孔的原因有如下两种可能：

（1）由于电解液中混杂有某些有机物，如煤油、脂肪酸、P_{204} 萃取剂，使得阴极表面呈憎水性，以致使气泡滞留在阴极表面。

（2）溶液 pH 值的影响。实践证明，在低 pH 值（pH 值小于 3）时，尽管肉眼能明显地看出阴极上有大量的气泡析出，可是沉积物上未出现气孔。这是由于低 pH 值时溶液的黏度小，虽然阴极上析出的氢气量较多，但析出的氢气有可能很快汇集成大气泡。当气泡的浮力大于阴极表面对气泡的黏附力时，气泡便外逸，此时由于大量氢气的析出，对阴极表面的溶液滞留层起到一种搅拌作用，这也有利于气泡的外逸。但当电解液 pH 值提高到 4.5 时，氢气的析出量减少，小气泡汇集成大气泡的概率变小，而溶液的黏度相应增加，不利于气泡的外逸，因此产生气孔的机会也相应增多。

消除气孔形成的措施有：

（1）提高电解液的温度，对采用高电流密度、高 pH 值电解更为重要。提高电解液的温度，可减少溶液的黏度，增大离子的扩散速度，有利于气泡从阴极表面逸出。

（2）严格控制电解液的循环速度，改变进液方式。增大循环速度不仅可防止阴极镍离子的贫化，同时也增强了溶液的流动，起到了搅拌作用，有利于气泡脱离阴极表面，避免了气孔的产生。有的厂家对阴极室结构加以改进，使阴极液从隔膜袋下部进液，也起到了上述作用。

（3）控制电解液中有机物的含量。

（4）往电解液中加入适量的活性炭，可以消除有机物的危害，防止和减少气孔的生成。

6.5.2　疙瘩的产生及消除

阴极上形成的固体结粒有如下两种可能：

（1）外来固体颗粒附着在阴极表面，经过电解沉积形成疙瘩。由于操作不慎使阳极泥等固体小颗粒落入阴极室，或因新液过滤跑浑使溶液夹带渣，这些固体浮游粒子附着在阴极表面上，经过电解覆盖上一层镍后形成疙瘩。此种疙瘩为圆形或菜花状，粒根较细，容易击落，粒中夹杂有阳极泥灰黑色质点或渣子的黑色质点，化学分析结果含杂质较高；此外，在阴极室内由于某种原因局部生成的碱式盐或金属氧化物的游离颗粒黏附在阴极表面，使得阴极沉积物形成不均匀状疙瘩。此种疙瘩粒子呈片状分布，结合牢固不易击落。

（2）电流密度局部过高使电解沉积形成疙瘩。由于始极片尺寸大小不合格或阴阳极放置不正，使得边缘局部电力线过于集中，在电解镍边部形成唇边形结粒。

消除的办法有：

（1）严格按技术条件进行操作，阳极与阴极力求对正放直，极距要求均匀，接触点要干净，出装槽时严防阳极泥、结晶物等固体颗粒掉入阴极室内。

（2）严禁新液跑浑。

（3）选择适宜的电解技术条件及阴极尺寸。

（4）勤检查，若提板发现结粒应及时打掉。

6.5.3 电解镍分层的产生及预防

将成品电解镍放在剪板机上剪切时，发现其断面不连续成整体，在新沉积的镍与始极片之间，或新沉积的镍之间分层，有的夹层中还夹有电解液，严重时沉积物还会出现爆裂和卷曲现象。造成电解镍分层的原因有：

（1）始极片下槽前未处理干净，仍留有渣、灰尘或覆盖一层氧化膜，致使新沉积的镍不能与始极片很好地黏合而产生分层。

（2）在变更电流操作时，由于电流提升过急或下降过快，在不同电流强度下镍层的内应力不同，相应析出的镍层会分层。

（3）在电解过程中，阴极表面被污染，或由于杂质的影响产生了局部爆皮，都将可能使电解镍分层。

（4）当溶液中的有机物含量高，或金属杂质铁、锌含量高，或析氢严重，都会使得沉积物内应力增大而爆裂卷曲。

消除办法：

（1）始极片下槽前，必须用酸洗或电腐蚀法处理，以去掉表面的氧化膜和其他脏物。

（2）电流变化幅度不宜太大。

（3）稳定新液的 pH 值，杜绝析氢现象和 $Ni(OH)_2$ 沉淀物的产生。

6.5.4 其他缺陷的形成及预防

其他缺陷的形成及预防如下：

（1）烧板。在镍电解槽中，阴极和阳极交替并列排放，每个阴极都处在两个阳极中间。若某个阴极接触不良，导电不好，在阳极高电势的拉动下，该阴极的极性将变为阳极与相邻阳极成等势体，电位显著上升，导致阴极析出镍重新溶解，俗称烧板。阴极外观表现为：电解镍的底角变成圆角，边部发黑，有的还出现开裂。阳极表现为：与其相邻的电解镍中央部位出现阳极板外轮廓状的黑色痕迹。

消除办法是：阴阳极导电棒每次必须用擦洗后的新棒；出装槽时认真擦拭各接触点；班中定时打火检查，从而保证导电良好，杜绝烧板现象发生。

（2）氢氧化镍板。$Ni(OH)_2$ 板的出现是由电解液长时间中断循环而引起的。在长时间的中断循环时，阴极区 Ni^{2+} 浓度贫化，氢气析出，阴极区 pH 值升高，从而促成了 $Ni(OH)_2$ 的形成。$Ni(OH)_2$ 吸附在阴极表面，不仅影响了其化学成分，还会使物理结构变差，表观质量下降，产品不能达标。其表现为：浸泡在阴极室的电解镍溶液上下翻动，且溶液变为浅绿色，提板后可见电解镍两侧有浅绿色粗糙结晶物存在。预防措施是：定期检查各隔膜袋进液情况，保证电解液循环畅通，流量稳定。

（3）海绵镍。海绵镍的产生是由于隔膜袋破损后，阳极液进入阴极室，在阴极上杂质离子与镍离子共沉淀，因此产生灰黑色疏松状阴极沉积物，其成分以镍为主体。预防措施是：发现破损的袋子立即更换，并在出装槽作业完成时，待有一定的液面差后方可离开岗位。班中应随时巡检，对无液面差的袋子应及时更换处理。

（4）反析铜。反析铜形成的条件，一是由于电解镍表面的电解液中的 Cu^{2+} 浓度比较高，二是因为断电或接触不良，致使负电性的镍将较正电性的铜离子从其溶液中置换出来，被置换出的铜附着在电解镍表面。这只有在长时间停电和电解液中断循环时才出现，故应当保障供电和强化岗位操作。

 练习题

6-1　对镍电解精炼过程的设备和反应进行描述？

6-2　采用隔膜电解的目的是什么？

6-3　列举 5 种硫化镍电解精炼车间常用的设备？

6-4　镍电解精炼阴阳极校正方法有哪些？

6-5　镍电解精炼常见故障有哪些？

6-6　镍电解精炼过程中电解液循环的目的是什么？

7 再生镍的生产

镍金属作为国民经济和国防建设的重要材料、高新技术和新型材料的支撑原料，其应用范围日益扩大，需求量也逐年增长。随着原生镍资源的逐年减少，工业和民用废品量的增加，再生镍金属的回收和综合利用也日益受到重视。

再生镍金属的回收和综合利用，不仅有效地利用镍废弃物资源，补充镍金属的需求，而且因其具有投资少、见效快、节约能源和矿源、减少环境污染等优点，对提高社会效益和经济效益更有深刻的意义。

随着科学技术的发展和人们对生活质量要求的提高，再生资源占原生资源的比例越来越大。据统计，部分西方国家再生镍比重占总消耗量的20%左右。因此，包括再生镍等再生金属的回收和利用逐渐形成一门科学。

7.1 镍废料的来源、化学成分及其分类

7.1.1 含镍废料的来源

镍废料的来源主要包括如下几个方面：

（1）报废的机器、设备、金属构件及零部件等拆分的含镍金属废件。

（2）机械加工和表面处理产出的废料，例如切屑、丝带和刨花边角废料，压力加工时产生的金属细碎物料、电镀废泥渣等。

（3）交通及国防等部门淘汰下来的装备中拆卸的废件，例如废旧的汽车、飞机、船舶、军舰等。

（4）日常生活用具、工具制品、废旧电池等。

（5）冶炼和其他化工生产过程中产生的废料。例如金属加工过程中产生的溅渣、飞沫、氧化液，加工过程中产生的含镍渣料和烟尘，生产加工过程中产生的废品和中间产物等。

（6）石油化工生产过程中失效废弃的催化剂。

7.1.2 镍废料化学成分及分类

镍废料与其他有色金属废料相比，由于其消费量相对少，在产品中使用寿命较长，故镍废料的种类繁杂，至今还没有形成镍废料的分类标准。目前仅根据其化学成分及再生方法试行分类，以便参考确定其再使用或再生方法。

7.1.2.1 含镍合金

含镍合金主要是高温合金、硬质合金、废磁性合金和膨胀合金。

高温合金化学成分大致范围为（%）：Ni（或 Ni+Co）50~70，Cr 15~30 以及大量的铁，其余为 Mo、W、Nb、Ti、Al、Mn、Si、C，可能还有少量的 Cu、Pb、Zn、Sn。几种高温合金的主要组成见表 7-1。

表 7-1　几种高温合金的主要组成　　　　（质量分数/%）

名称	w(Ni)	w(Cr)	w(W)	w(Mo)	w(Fe)
GH31	25~30	19~22	4.8~6.0	2.8~3.5	余
GH36	7~9	11.5~13.5	—	1.1~1.4	余
GH37	余	13~16	5.0~7.0	2.0~4.0	—
GH39	余	19~22	—	1.8~2.8	—
GH135	33~36	14~16	5.0~6.5	—	余
GH40	35~40	20~23	1.4~1.8	2.0~2.5	余

硬质合金可分为五类，均是含镍的碳化钛基硬质合金。

废磁性合金分成烧结磁钢和浇铸磁钢，其废料有磁钢及磁钢末屑，成分（%）为：Co 14~34，Ni 14~24，Al 8，Cu 3。

镍钴膨胀合金主要为硬玻璃陶瓷接封用合金，典型牌号为 4J29、4J33、4J34 等，用量最大的是 4J29，又称为可伐合金；其组成为（%）：Ni 8.5~29.5，Co 16.8~17.8，其余是铁。

7.1.2.2　镍磷铁

镍磷铁是钙镁磷肥生产过程中的副产品，镍磷铁的产量约为钙镁磷肥生产量的 1.5%，其主要化学成分见表 7-2。

表 7-2　镍磷铁的化学成分实例　　　　（质量分数/%）

种类	w(Ni)	w(P)	w(Fe)	w(Cu)	w(Co)	w(S)
1	4.5	7.52	64.0	0.38	0.16	
2	6.33	8.19	63.0	0.65	0.28	
3	5.06	10.5	71.23	0.9	0.3	1.32

7.1.2.3　含镍催化剂

镍系列催化剂广泛用于多种化学反应，特别是用于多种加氢反应，主要有液相加氢用的雷尼镍催化剂和负载型镍催化剂。以 Al_2O_3 为载体的催化剂常用于合成氨和制氢工业的 CO 加氢甲烷化反应，烃类水蒸气转化反应，有机硫加氢转化反应，油脂加氢反应，苯及苯酚加氢反应，裂解汽油加氢反应。不饱和烃在液-固相反应条件下加氢用雷尼镍催化剂，雷尼镍是一种无载体粉末催化剂。因镍系催化剂含镍高，有较高的回收价值，故此类催化剂回收时间较为悠久。

镍的其他催化剂有多种类型，其镍含量低的一般在 1.2%~6%，高的可达 30%~70%，波动较大。废催化剂尤其是载体镍催化剂，载体含量高，还有一些助剂。在使用、卸出堆放和装运过程中带进一定量的杂质，所以废镍催化剂中含有如下金属：Ni、Co、Mo、W、Al、Cu、Zn、V、Cr、Sn、Mg，其含量不一。部分含镍催化剂的典型成分见表7-3。

表7-3 含镍催化剂的典型成分 （质量分数/%）

名 称	$w(Ni)$	$w(Al)$	$w(Fe)$	$w(Ca)$	$w(Mg)$	$w(Cr)$	$w(Cu)$	烧失重
废雷尼镍	69.5	3.69	0.243	0.0298	0.034	0.034	0.019	2.5
己二腈雷尼镍	66.06		0.779			1.46		25
山梨醇催化剂	35~40	25~30	0.001				0.001	
废催化剂 I	10~41	20~35	5~20				4.7	
废催化剂 II	23	4.8	1.14					
废催化剂 III	42	12~16			7.5			
西南2号	15.6	50.55 (Al_2O_3)	1.4	16.04 (CaO)	0.7 (MgO)	0.021		
胜利1号	21.3	31	3.9	14.37 (CaO)	14.3 (MgO)	0.045		

7.2 含镍钴废料的处理方法

含镍钴废料，根据其含镍品位和其他金属的含量严格分类，再确定其最经济合理的处理方法。一般纯净的合金废料可根据具体情况，直接再熔炼成相应的合金使用或直接熔炼成用于生产不锈钢、磁钢的配料。

对于其他化学成分比较复杂的合金废料或含 Ni 较高的废弃物等，可以采用电炉熔炼成镍铁或采用湿法流程及火法和湿法联合流程处理，加工成金属镍或盐类产品。

7.2.1 火法处理方法

含镍废料中，化学成分比较简单、数量多的物料一般都采用电弧炉直接熔炼成合金原料或作为不锈钢、磁钢的配料。先在电弧炉内将含镍废料加热至约1450℃，使其熔化；然后往熔体中通入氧气。根据各元素与氧的亲和力的大小不同，使部分元素与 Ni、Co 分离。有关元素对氧亲和力的大小顺序为：Al>Si>V>Mo>Cr>C>P>Fe>Co>Ni>Cu。含镍废料中与氧亲和力比 Ni 更大的杂质元素 Al、Si、W、Mn、S、P 等将不同程度地氧化入渣，其具体处理方法在下一节叙述。

7.2.2 湿法处理方法

当含镍废料成分较简单或其金属回收价值较高时，一般可采用湿法处理。在采用湿法流程时，金属的溶解可采用化学法或电化学法溶解，然后根据具体情况采用化学沉淀法（中和沉淀、硫化沉淀、置换沉淀及盐沉淀法等）、溶液萃取和离子交换技术从溶液中分离其他元素，以富集和提纯镍和钴。

7.2.2.1　用硫酸溶解

一种超耐热合金废料成分为（%）：Ni 37.5、Co 4.0、Cu 12、Fe 26.6、Cr 10、Mo 5、W 2、Nb+Ta 2.5，可能还有 Ti、Mn、Si、Al。将此种合金在 90℃ 下用硫酸溶解，使 95% 以上 Ni、Fe、Co、Cu、Cr 进入溶液，浸出液的氧化还原电位为 250~300mV，而 Mo、W 不溶进入残渣。浸出液用 HNO_3 氧化，控制氧化还原电位到 800mV，溶液中铁氧化为三价铁离子，然后用 $CaCO_3$ 调 pH 值到 4，可使 Fe、Cr 形成氢氧化物沉淀，溶液用溶剂萃取法净化并回收镍和钴。

7.2.2.2　氯气溶解

美国矿业局在处理超耐热合金时采用了氯气浸出、活性炭吸附、溶剂萃取流程。

氯气溶解工艺是把原料（Ni 和 Co 合计 50%，Cr 15%~20%，其余的为 Mo、W、Nb、Ti、Al、Fe、Mn、Si、C）经非氧化焙烧以脱除有机物及水分，在 90~100℃ 酸性氯化物中通 Cl_2 溶解，得到浸出液含 Cl^- 25g/L，溶液经活性炭吸附除 W、SiO_2 和少量的 Cu 后成分（g/L）为：Ni 76、Cr 35、Fe 26、Co 19、Mn 0.6；用三辛基磷酸萃取除 Mo，仲胺除 Fe，溶液通氯脱锰；T10A（三异辛胺）萃取除钴，从 Co 反萃液中用 Na_2CO_3 沉钴，再煅烧为氧化钴，其成分（%）为：Co 73、Ni 0.2、Na 1.2、S 0.04、C 10.1，萃余液经水解除 Cr 生产镍产品。

7.2.2.3　混酸溶解

把一种含 Ni 20%、Co 18% 的可伐合金废料置于耐酸陶瓷反应器中，缓慢加入浓硫酸，温度可升到 70~80℃，然后缓慢分数次加入硝酸，自然溶解 24h，使 Cu、Fe、Zn、Mn 也溶解进入溶液中，反应完毕后自然澄清。上清液在加热搅拌情况下慢慢加入浓度为 10%~15% Na_2S 溶液，控制 pH 值为 2~3，使 Cu、Ni、Co 成硫化物沉淀与 Mn、Fe 分离，将所得镍、钴的硫化物漂洗、烘干，堆放使其自然氧化成硫酸盐，控制料堆温度为 80~120℃，五天即可完成氧化。其反应式如下：

$$Ni(Co)S + 2O_2 \Longrightarrow Ni(Co)SO_4 \tag{7-1}$$

其硫酸盐用水浸出，在蒸汽加热的情况下，慢慢加入 NaClO 溶液，用 20% Na_2CO_3 溶液调 pH 值为 5，使 Fe、Cu 沉淀。

用氧化水解沉淀将 Co 从溶液中分离，氧化剂可以用 Cl_2、NaClO 以及 NiOOH（黑镍），得到的钴渣和硫酸镍液分别生产氯化钴和硫酸镍。

7.2.3　火法-湿法联合处理流程

成分复杂、含镍较低的难处理含镍废料，一般都采用火法-湿法联合处理流程。

将含镍废料（如高磷酸铁）在电弧炉或卧式转炉中吹炼，并加入石英石或石灰石作熔剂，除去部分在高温下易氧化的杂质元素，然后熔铸成阳极，在电解槽中进行电化学溶解，并产出电解镍。其阳极液视阳极中的杂质情况，用化学法、萃取法、离子交换法净化后，循环使用。

7.3　电炉熔炼处理含镍废料生产镍铁

7.3.1　电炉还原熔炼镍铁的基本原理

用含镍废料生产镍铁，应考虑除去铁和镍主体金属以外的所有金属，还要除去氧、硫及其他杂质。经验表明，处理含镍和铁的物料的冶金设备最好是电弧炉。在再生金属冶金中，熔炼镍铁不采用自熔电极。

为了除去熔炼中的 W、Mo、Cr 及其他杂质，需将其氧化并转变成渣；然后将氧化的 Ni、Fe 再还原。该法的基本原理是：基于金属对氧亲和力的大小不同，使杂质生成不溶于主体金属的氧化物或以渣的形式聚集于熔池表面或以气态的形式（如 S、C 的氧化物）被除去。

在熔炼过程中，将空气鼓入金属熔池中或熔池表面，有时也可加入固体氧化剂，如主体金属氧化物或 $NaNO_3$ 等氧化剂，发生的反应主要是杂质金属 M' 的氧化，生成的杂质金属氧化物 $M'O$ 从熔池中析出，或以金属氧化物挥发，从而与主体金属分离。

熔炼时，不仅碳和一氧化碳可作还原剂，而且与铁和镍同时存在具有和氧亲和力大的金属也可作还原剂。因为炉料中的金属对氧亲和力按 Cu、Ni、Co、Mo、Fe、W、Cr 顺序逐渐增大，所以在熔炼时，将激烈地进行置换反应使 NiO 被还原：

$$3NiO + 2Cr =\!=\!= Cr_2O_3 + 3Ni \qquad\qquad (7\text{-}2)$$

$$3NiO + Mo =\!=\!= MoO_3 + 3Ni \qquad\qquad (7\text{-}3)$$

$$3FeO + W =\!=\!= WO_3 + 3Fe \qquad\qquad (7\text{-}4)$$

$$NiO + Fe =\!=\!= FeO + Ni \qquad\qquad (7\text{-}5)$$

在有过剩的二价铁离子存在的情况下，可以形成钨化物 $FeWO_4$，WO_3 熔化温度为 1370℃，而在 800℃ 以上时升华现象明显。MoO_3 熔化温度为 795℃，而在 650~700℃ 时升华显著。故有部分 W 与 Mo 挥发进入气相。在高温下，为了使 WO_3 和 MoO_3 不被 CO 还原，常加入 Na_2O、CaO 和 FeO 作为熔剂，使其形成更加稳定的化合物而造渣。铬的氧化物是一种相当稳定的化合物，其熔点为 2265℃。在进入渣后，会与 CaO 结合形成熔点较低的铬酸盐，或同 SiO_2 作用生成硅酸盐。

W、Cr、Mo 在高温下，仅靠进入炉中的空气中氧就可以氧化（不管炉内气氛如何），在个别情况下用鼓风氧化或加入固态氧化物 Fe_2O_3 和 NiO 的方法也可除去上述杂质：

$$Fe_2O_3 + 2Cr =\!=\!= Cr_2O_3 + 2Fe \qquad\qquad (7\text{-}6)$$

$$3FeO + 2Cr =\!=\!= Cr_2O_3 + 3Fe \qquad\qquad (7\text{-}7)$$

$$Fe_2O_3 + Fe =\!=\!= 3FeO \qquad\qquad (7\text{-}8)$$

$$Fe_2O_3 + W =\!=\!= WO_3 + 2Fe \qquad\qquad (7\text{-}9)$$

在合金中，当铁的含量下降到 25%~28% 时，钼开始氧化。在精炼时，可以添加二价氧化镍和熔剂。钼应属于熔炼时难以去除的金属，而 Co、Cu 实际上完全留在镍铁中。

在成品镍铁中，S 和 P 的含量是有限定标准的，要除去这种杂质十分复杂，所以生产上都在原料中加以控制，或者用炉外精炼法进一步除去 S 和 P。

含镍废料熔炼镍铁时，一般采用的炉渣成分（%）为：FeO 35~38，SiO_2 20~21，CaO 1.5~2，Al_2O_3 4~5。

7.3.2　还原熔炼镍铁的生产实践

熔炼镍铁时，采用炼钢用的翻转式或可卸炉顶式电弧炉，容量一般为 0.5~10t。电极采用碳电极或石墨电极。工艺过程为间歇式，主要工序为：炼前炉料准备、装料及熔化、精炼、出渣、浇铸金属，一般炉时为 4.5~6h。

（1）熔炼前准备。将在电弧炉中不易处理的物料尽可能从原料选出，以避免影响产品质量和操作的困难。

（2）分层铺平炉料。石英熔剂，一般占镍物料总量的 5%~6%。待炉膛装满后，下放电极，炉子便处于负荷状态。

（3）视熔炼情况，反复多次添料。在末次加料后，开始完全进入熔炼，一般熔炼温度在 1700℃左右。

（4）除铬。待物料熔化后，吹风氧化，使 Fe、Cr 等杂质氧化造渣。第一批渣含铬较高（Ni 1%~2%，Cr_2O_3 15%~20%），只有少量的 W 和 Mo 进入渣中。在放出第一批渣后，应向炉中补充氧化剂，如氧化镍或氧化铁。

（5）除钨钼。产出第二批渣，含 WO_3 3%~8%，Cr_2O_3 3%~7%，均以 $CaWO_4$ 或 $CaMO_4$ 形式存在。

（6）将熔炼所得的金属取样分析后，再水淬粒化或铸锭。我国没有镍铁标准，国外有关标准见表 7-4。

表 7-4　镍铁产品的化学成分　　　　　　　　　　（质量分数/%）

国别	w(Ni)	w(C)	w(Si)	w(P)	w(S)	w(Cu)	w(Cr)	w(Co)	w(Mn)	w(W)	w(Mo)
德国	45~60	1.0~2.5	4.0	0.03	0.4	0.2	2.0	0.05			
德国	60~80	1.0~2.5	4.0	0.03	0.4	0.2	2.0	0.05			
法国	45~60	1.0~2.5	4.0	0.03	0.4	0.2	2.0	0.05			
日本	≥16.0	≥3.0	≤3.0	≤0.05	≤0.03	≤0.1	≤2.0	0.05	≤0.3		
苏联	15~25	0.1	0.1	0.02	0.15~0.2	0.25	0.1	0.25~0.35	0.05	0.05	0.3

对于甲烷化及烃类蒸汽转化用催化剂，一般以 Al_2O_3 为载体，含镍大于 10%，易于用还原冶炼方法回收。只要将此废镍催化剂与还原剂、造渣剂和铁一起还原精炼就可制得镍铁合金，载体 Al_2O_3 则随炉渣除去。

7.4　处理镍钴废料的其他方法

7.4.1　从镍磷铁废料中生产电解镍

镍磷铁合金一般成分（%）为：Ni 4.5~5.5、P 10~15、Fe 65~75，磷与铁、镍、钴、铜在熔融状态下能完全互溶。在镍磷铁合金中可能存在 Ni_3P、Co_2P、Fe_3P、Cu_3P，其稳定性依次逐渐减弱。

从镍磷铁废料中生产电解镍的工艺过程主要包括：反射炉熔炼、电炉熔炼、冷铸粗镍阳极、镍电解精炼、电解液净化等。

7.4.1.1 镍磷铁的反射炉熔炼

反射炉熔炼的关键是如何保留合金中的磷。从元素氧化物生成自由能变化来看，温度低于900℃，磷比合金中其他的元素易氧化，其次序是：磷、铁、钴、镍、铜。但在温度高于900℃时，铁比磷易于氧化，伴随温度的升高，两者间氧化速度差别增大，这时向熔融的镍磷铁中增加鼓风，并加入足够的二氧化硅，铁便优先氧化造渣。随着铁的不断除去，镍在合金中得到富集，磷也保留在渣中。

反射炉熔炼是镍的初步富集过程，其操作包括加料、氧化、放渣、放合金等作业。在炉温上升到1300℃、保温4h后开始加料，首先加入石英砂0.8~1.6t、镍磷铁8~10t，然后进行闷烧及熔化物料。炉料熔化后进行吹风氧化，在没有熔剂的情况下，铁和磷即发生氧化，生成氧化亚铁和五氧化二磷，并生成磷酸三铁（$3FeO \cdot P_2O_5$）。部分Ni、Co、Cu也发生氧化反应，但生成的氧化物在炉体内合金熔体中遇到Fe和P时，又被还原成金属。

石英砂的加入量一般与镍磷铁的加入量之比为0.25：1，以控制渣中二氧化硅含量20%~25%为宜，原料含磷高，石英砂可少加；含磷低，石英砂应多加，以控制合金中的磷在6.5%左右。放出的合金含镍大于45%，直接浇铸在模中。

7.4.1.2 电炉熔炼镍磷铁

电炉处理高镍磷铁的目的是使反射炉产出的镍合金中的镍熔炼成镍阳极，以便于下一步电解精炼，其过程包括加料、氧化、蒸锌、脱氧、浇铸等作业。

每炉加入镍合金2t左右，分次在料面上加入块焦，再加入石英砂60~100kg进行造渣。在造渣前鼓入空气，促进氧化的进行。在吹风氧化3h以后，合金含镍升至75%左右时，如果原料中含锌较高，应进行插木蒸锌，此时将炉温提高到1600℃以上。插木蒸锌2~3次，可使合金中锌降至0.0004%以下。

蒸锌结束后，通电升温40min，出炉前10min加石油焦10kg脱氧，使合金断面结晶致密。待炉温升至1550℃左右，采用立模浇铸成阳极板。

7.4.1.3 粗镍阳极电解精炼

镍阳极电解精炼采用阳极隔膜电解法，粗镍阳极一般含镍不小于75%，阴极板采用钛板，电解质采用氯化镍溶液。电解槽内大小膜架由木材制成，阴极膜袋由3号帆布制成。种板入槽电解8h后取出，剥离镍片制成始极片，压纹后作为阴极。

阳极液的杂质成分（g/L）为：Fe 1.5~2.0，Cu 0.2~0.5，Co 0.2~0.6，Zn 0.008~0.001，Pb 0.0006~0.001。由于阳极含镍品位较低，所以阴极进液与阳极出液含镍一般相差2~4g/L。除造液补充外，还要抽出一部分阳极液进行浓缩，以避免离子贫化。

镍电解用阳极板为电炉熔炼富集后浇铸成的阳极，镍电解生产技术条件实例见表7-5。

电解镍质量符合GB/T 6516—1997特号镍或一号镍规定。阳极泥的产出量仅为阳极溶解量的4%~7%，主要含镍、铜及少量铂族金属，送去综合回收。电解槽出槽的残极用作造液槽的阴、阳极使用，然后再返回电炉工序。

表 7-5　镍电解生产的技术条件实例

项　目		技术条件	项　目	技术条件
阴极液成分 /g·L⁻¹	Ni	80~90	电解液流量/L·(h·袋)⁻¹	18~25
	Co	0.002	阳极液 pH 值	1.5~2.5
	Fe	≤0.0006	阴阳极液位差/mm	30~50
	Cu	≤0.0004	阳极尺寸/mm×mm×mm	(780~820)×330×40
	Pb	≤0.0001	阴极尺寸/mm×mm	(780~840)×(680~710)
	Zn	≤0.0004	阳极块数/块·槽⁻¹	17+2
	Cr	≤0.008	阴极块数/块·槽⁻¹	16
	Na	40~50	同极中心距/mm	180
	H_2BO_3	2~5	电流密度/A·m⁻²	220~280
	Cl	150~165	槽电压/V	1.8~2.5
	有机物	<1.2	种板在槽周期/h	8
pH 值		4.3~4.2	阴极在槽周期/d	3~5
电解液温度/℃		65~75	阳极在槽周期/d	10~15

7.4.1.4　电解液的净化

电解液的净化工艺包括酸性氧化、N_{235} 萃取、701 号树脂交换除铅、通氯净化四步。为了排除溶液中积累的 Na^+ 和平衡溶液体积，须利用部分净化后液或生产体系中的部分阳极液，制成碳酸镍，作为中和剂分别用在阳极液酸性氧化及通氯净化作业中。

电解槽流出的阳极液成分（g/L）为：Co 0.2~0.6、Fe 1.5~3.0、Zn 0.0008~0.001、Cu 0.2~0.4、Pb 0.0006~0.001，pH 值为 0.5~2.0。

电解阳极液中的 Fe 大部分呈二价，含量一般为 0.5~3g/L，利用 N_{235} 萃取前要通氯气将二价铁氧化为三价铁，具体技术条件是：溶液温度 40~50℃，溶液 pH 值 1.5~2.0，氧化剂为氯气，氧化终点 Fe^{2+} ≤0.005g/L。

N_{235} 是一种胺型萃取剂，其组成为：N_{235} 20%~25%、200 号煤油 70%~75%、脂肪醇（C_8—C_{10}）5%，其盐酸盐即 R_3N、HCl 能与金属和氯离子所形成的络合物交换作用。在氯化镍溶液中，Fe^{3+}、Cu^{2+}、Co^{2+} 等金属离子生成阴离子络合物，如铜生成 $(CuCl_4)^{2-}$、钴生成 $(CoCl_4)^{2-}$，因此能被胺型萃取剂萃取。而镍在氯化物溶液中呈阳离子状态存在，留在水相中，从而达到萃取除杂的目的。

7.4.1.5　钴的反萃

有机相的钴用氯化钠溶液进行反萃，得到氯化钴溶液。因原液中的钴含量较低，反萃钴液应反复使用，直至其含量达到 10~15g/L 后，反萃液送往反应锅浓缩，使钴浓度达 20~30g/L，送提钴系统。

铁、铜、锌萃入有机相后，在反萃钴时，有小部分进入钴液，大部分留在有机相中，利用 0.3% 的稀 H_2SO_4 进行反萃，使铁、铜、锌进入水相弃去即可。反萃时，有机相中的盐酸已转化为硫酸盐，故要用盐酸处理转型。处理过程是：首先两次用自来水充分洗去部分硫酸根，然后用 2mol/L HCl 饱和，过饱和以后返回萃取系统使用。

N$_{235}$在氯化物溶液中萃取铅的效果不明显，满足不了镍电解的需求。故采用 701 号树脂进行脱铅，交换后吸附铅的树脂，用 5% 的稀盐酸进行再生，并用自来水冲洗至 pH 值为 2~4 即可。

我国某镍钴冶炼厂以高磷镍铁、钴铁、镍钴基合金废料、不锈钢刨花等为主要原料，采用转炉吹炼→萃取分离→离子交换净化→隔膜电解生产工艺，产出 1 号镍与 2 号镍，其生产工艺流程如图 7-1 所示。

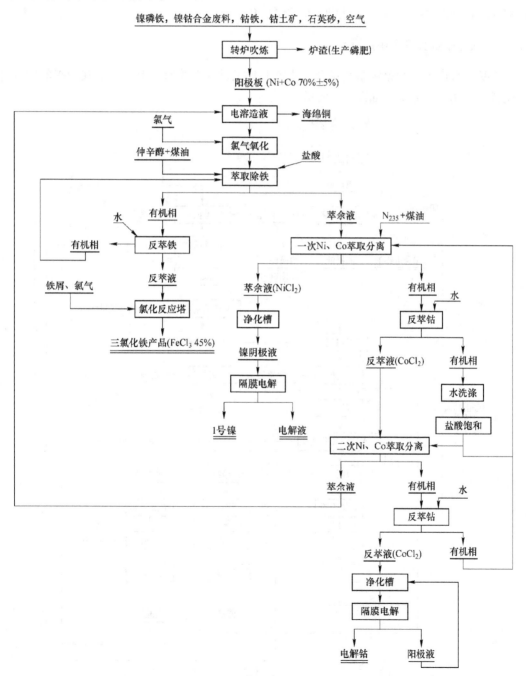

图 7-1　从镍磷铁、钴铁合金中提取镍、钴的工艺流程

在萃余液中杂质铁、钴含量较高，达不到电解要求。因此在树脂交换除铅后通氯净化，除去铁、钴等杂质，技术条件如下：溶液温度 50~60℃、中和剂为碳酸镍、溶液 pH 值为 4.5~5.0、通氯时间 2h。

镍电解精炼的主要技术经济指标为：镍电解总收率 91%~95%，镍电解直收率 75%~78%，残极率 20%~25%，电流效率 96%~97%，直流电耗 3500kW·h/t，交流电耗 1000kW·h/t，镍材料消耗（kg/t）为：盐酸 6000、硫酸 500、碱粉 2000、液碱 800、液氯 400、N_{235} 40、煤油 200、氯化钠 40、硼酸 20。

7.4.2　从镍基合金废料中提取镍

镍基合金废料大都是镍基高温合金生产和加工过程中的返回料，以及其他镍的铁基合金废料，采用的工艺流程如图 7-2 所示。

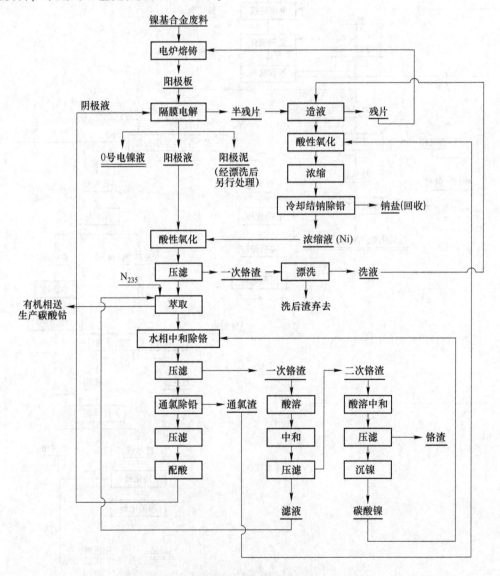

图 7-2　从镍基合金废料中提取镍的工艺流程

合金废料首先在电弧炉熔炼铸成阳极，阳极的成分（%）为：Ni 44.23~72.24、Co 0.018~2.22、CuO 0.023~2.33、Fe 0.47~36.05、Pb 0.001~0.04、Zn 0.0005~0.13、Cr 0.5~25.03。由于阳极成分波动很大，对湿法处理过程造成许多困难。严格控制阳极液中杂质的含量，是从镍基合金废料中提取高纯镍的关键问题。因此应将各批号阳极合理搭配，使阳极液中的杂质含量在一定范围内波动。

电解过程由于阳极含杂质量高，以及净化过程中镍的损失，虽有造液补充，但仍很不足。因而造成电解液镍离子贫化，必须将部分溶液进行浓缩，以提高镍离子浓度。

7.4.2.1　隔膜电解

以镍基合金为阳极，用不锈钢为母板，在种板槽中电解 10~12h 得到厚约 0.6mm 的始极片为阴极。电解液为氯化镍弱酸性溶液。在电解槽内，用聚氯乙烯硬塑料作阴、阳极室分隔的支架，阴极室为硬塑料框，套上经热水清洗后的 7 号帆布隔膜袋，插入塑料支架的空间，将电解槽分隔成阴、阳极室两个部分。阴极进液成分（g/L）：Ni 55~75，Co<0.0015，Cu<0.0004，Fe<0.0006，Zn<0.0004，Pb<0.0001，Cr<0.01，Cl^- 160~180，硼酸 5~7，Na^+<65；阳极室出液杂质含量（g/L）为：Fe 0.5~3，Cr 0.1~2.4，Co 0.025~0.3，Cu 0.02~0.15，Pb <0.001，Zn<0.003。

由于阳极品位低，阴极进液与阳极出液含镍量相差达 5~9g/L。阳极液除直接净化外，还抽出约占循环量 1/5 的溶液送反应锅中浓缩，以防止镍离子贫化，并达到清除钠盐的效果，解决镍在工艺中闭路循环的问题。

每生产 1t 电解镍约产出阳极泥 300g。其湿样含镍约 6%，铬含量为镍的 6~7 倍。经热水漂洗后阳极泥含镍降至 1.5% 以下，送火法处理以回收其中的镍与铬。

镍电解精炼主要技术条件：

阴极室进液 pH 值：4.6~4.8

阳极室出液 pH 值：1.2~1.7

阴极室进液流量：95~105m^3/t

电流密度：300~350A/m^2

阴、阳极室液面差：25~40mm

阴极周期：3d

阳极周期：8~9d

槽电压：1.4~2.7V

同极距：170mm

阴极室液温：70~75℃

7.4.2.2　净液

A　酸性氧化

阳极室出液含铁 0.5~3g/L，其中 Fe^{3+} 占 30%~40%。加入电溶造液的浓缩液后，含铁一般为 1~5g/L。为适应 N_{235} 萃取的要求，须将液中的 Fe^{2+} 氧化成 Fe^{3+}。在压缩空气强烈搅拌下，升温至 70℃，用液氯使 Fe^{2+} 氧化成 Fe^{3+}。在酸性条件下高价铁离子不易水解，故在压滤过程中不产生铁渣。酸性氧化终点浓度控制 Fe^{2+} 小于 $0.5g/L$，Fe^{3+} 小于 $5g/L$。

　　B　N_{235} 萃取

酸性氧化经压滤得到的溶液用 N_{235} 萃取，以达到脱除 Cu、Zn、Fe、Co 等杂质的目的，萃取效果列于表 7-6 中。

表 7-6　萃取前后溶液的杂质含量　　　　　　　　　　(g/L)

元　　素	Co	Cu	Zn	Fe
萃取前杂质含量	0.03~0.25	0.02~0.2	0.001~0.004	1~5
萃取后杂质含量	0.002~0.12	0.0001~0.0004	0.0002~0.0004	0.0005~0.13

　　由表 7-6 可知，萃取后 Cu、Zn 含量可符合生产特号镍的阴极液要求。除铁萃取效果取决于 Fe^{2+} 的氧化程度，氧化不完全则不能达到生产特号镍的要求。钴脱除率因受 Cl^- 浓度的影响，也未能符合要求。残留的微量钴、铁在通氯除铅中进一步脱除。采用四级逆流萃取，负载有机相先用水反萃钴、铜，再用硫酸反萃铁、锌。水反萃时，也有铁被反萃。为减少铁进入反萃钴液，水反萃过程中加浓度为 2mol 的氯化钠溶液，反萃过程反应为：

$$(R_3N)_2 \cdot H_2CuCl_4 + 2H_2O \Longrightarrow 2R_3NHOH + CuCl_2 + 2HCl \qquad (7\text{-}10)$$

$$(R_3N)_2 \cdot H_2CoCl_4 + 2H_2O \Longrightarrow 2R_3NHOH + CoCl_2 + 2HCl \qquad (7\text{-}11)$$

$$2R_3N \cdot HFeCl_4 + SO_4^{2-} \Longrightarrow (R_3N)_2SO_4 + 2FeCl_3 + 2HCl \qquad (7\text{-}12)$$

$$(R_3NH)_2 \cdot ZnCl_4 + SO_4^{2-} \Longrightarrow (R_3N)_2SO_4 + ZnCl_2 + 2HCl \qquad (7\text{-}13)$$

反萃钴液富集到含钴大于 $4g/L$ 时，即抽出制成粗碳酸钴。

萃取技术条件：N_{235} 浓度 $0.25~0.35mol/L$，稀释剂 200 号煤油，水相流量 $25.8~30L/min$，油相流量 $12.6~25.8L/min$，进液温度 $40~55℃$。

　　C　中和除铬

在镍电解精炼过程中，电解液含铬大于 $0.02g/L$ 时，则阴极室发浑，有氢氧化铬沉淀出现；若铬大于 $0.04g/L$，则开始在阴极沉积层出现黑条，继而发生龟裂，因此除铬标准应控制铬小于 $0.01g/L$。

除铬采用水解沉淀法，用碳酸镍作中和剂，以中和氯化铬水解沉淀过程中不断产生的酸，沉铬反应如下：

$$2CrCl_3 + 3NiCO_3 + 3H_2O \Longrightarrow 2Cr(OH)_3 + 3NiCl_2 + 3CO_2 \uparrow \qquad (7\text{-}14)$$

在温度高于 70℃ 及在压缩空气强烈搅拌下加入中和剂，pH 值控制在 $4.8~5.0$，温度控制高于 70℃。经水解沉铬后可使阳极液含铬从 $1.5g/L$ 降至 $0.01g/L$。

铬渣经压滤后用盐酸溶解，控制 pH 值为 1.5 左右，然后用纯碱水中和到 pH 值为 $4.8~5.0$ 进行压滤，滤液进入萃取工序，滤渣（二次铬渣）再进行酸溶、中和、压滤，所得滤液制备碳酸镍。产出的铬渣湿样组成（%）为：Ni 1.7、Cr 4.5、Fe 0.9，可用于制取硫酸镍或氧化镍和金属铬。

D　通氯除铅

在微酸性镍钴溶液中，通入氯气，由于 Co^{2+} 比 Ni^{2+} 的氧化趋势大，而优先氧化成 Co^{3+}，并随即水解成溶解度很小的氢氧化钴，从而达到镍钴分离的目的。为使反应完全，需用碱中和钴盐水解析出的酸。其反应式如下：

$$2CoCl_2 + Cl_2 + 3Na_2CO_3 + 3H_2O === 2Co(OH)_3 + 6NaCl + 3CO_2 \qquad (7-15)$$

萃取液通氯除钴，溶液含钴可降至小于 0.0015g/L。同样，萃取液含铁，也可降至小于 0.0006g/L，达到阴极室进液标准。

在通氯条件下，铅的脱除机理有两种可能：可能是 $PbCl_2$ 在通氯作用下氧化水解成 PbO_2 沉淀，也可能是与其他三价氢氧化物共同吸附沉淀。经通氯除铅后，溶液含铅可由 0.002~0.0006g/L 降至 0.0001~0.00006g/L。

通氯除铅过程温度为（操作开始）65~70℃；通氯速度，以匀缓为宜，避免剧烈搅拌，不使 pH 值有大的波动，pH 值为 4.8~5.0。

7.4.2.3　电溶造液

电溶造液开槽用 1:1 盐酸和清水，阴、阳极均用电解系统所不能使用的残极，直流电机有倒顺装置，使槽内阴、阳极变换，以加速阳极溶解。造液槽内衬为软塑料的钢筋混凝土结构，每槽边缘有吸风装置，以排除氯气。造液槽溢流用立式泵进行循环。

随着电溶的进行，溶液中金属离子含量逐渐增多，酸度下降。出液周期为 3d 左右。电溶造液组成（g/L）为：Ni 90~100，Fe 10~25，Cr 5~8，Co<1，Cu<0.5，Pb<0.2，Zn<0.1。造液中的 Fe^{2+}，用通氯净化所产生的渣进行酸性氧化，此渣中氯化镍活性大，氧化效果好，其反应为：

$$FeCl_2 + Ni(OH)_3 + 3HCl === NiCl_2 + FeCl_3 + 3H_2O \qquad (7-16)$$

造液含铅一般为 0.02g/L 左右。为使铅不在通氯工序中积累，造成恶性循环，在造液反应锅中浓缩，待密度达一定值时，放入冷却槽中结钠除铅。经浓缩、冷却结钠除铅后，溶液含铅通常可由 0.02g/L 降至 0.003g/L。$PbCl_2$ 和 NaCl 在 $PbCl_2$ 浓度很稀时能形成固溶体，Pb^{2+} 和食盐结晶中空位耦合，而形成稳定的固溶体。结晶脱除的钠盐，用离心机过滤，并用水冲洗，以回收其中所吸附的镍。含铅的钠盐作副产品，作回收油脂时使用。

7.4.3　从废镍铬合金钢中回收镍和铬

在废高温合金及废镍铬不锈钢（简称废合金钢）中，铬含量高达 12%~25%，波动范围不大，而镍含量则波动很大，为 9%~70%。在回收镍的同时，如何回收废合金钢中的铬，显然是再生金属企业关注的问题。国内某厂经多次试验研究，提出了从废合金钢中同时回收镍与铬的生产工艺流程（见图 7-3）。

含镍在 55% 以上的镍-铬废合金可以直接在电弧炉中熔炼成阳极板。含镍低于 55% 时，

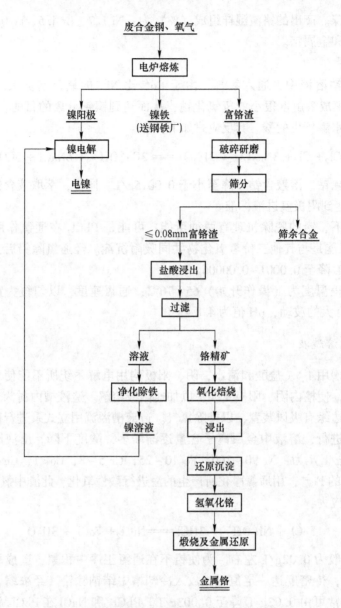

图 7-3　从废镍铬合金钢中回收镍、铬工艺流程

需采用空气吹炼氧化，使镍富集到 60% 左右，再铸成阳极板。镍钴合金废料电炉熔炼作业包括加料、熔化吹炼氧化、蒸锌、脱氧、浇铸等。

　　一台镍铬合金废料处理量为 1.5 ~ 2.5t 电炉，当加热至 1450℃ 时，物料全部熔化。物料熔化后往熔体中通入氧气，氧压控制在 608 ~ 811kPa。铁、铬首先被氧化，主要以 Cr_2O_3 的形态与铁呈（$FeCr_2$）O_4 固熔体进入渣中而被分离。物相分析表明，铬在高温下氧化，90% 以上的铬以尖晶石（$FeO \cdot Cr_2O_3$）形态进入渣中，铬尖晶石中的铬含量达 25.2%。

　　吹炼反应是在合金熔体中进行。由于铁、铬氧化反应是放热的，因此只要加热到 1450℃，合金熔化，随后鼓风吹炼，不需从外界供热，反应温度会逐渐上升。开始时温度约 1600℃，吹风结束时温度在 1700℃ 以上。

在造渣过程中，有部分镍也被氧化，但生成的氧化亚镍会被镍熔体中的金属铁、铬还原，生成相应的铁铬的氧化物。此时，分多次加入石灰石 80～100kg、萤石 70～100kg，进行造渣。随着铬被氧化造渣，炉渣发黏，即加入石英砂 30～50kg，吹风氧化 10min 左右，以改善渣的流动性，每次氧化时间为 30～45min。停止吹风后再通电升温约 20min，随后放渣。按上述操作反复进行 2～3 次后，合金含镍品位可以达到 60% 以上。合金中其他杂质，如与氧的亲和力比镍大的锰、铜、硫、磷、硅、铝等都将不同程度被氧化而进入铬渣。

镍铬合金废料中锌的含量很低，但刨花、钻屑等废料中常带有某些含锌杂物，所以在氧化使镍铬分离后，要进行插木蒸锌。蒸锌前，加入石油焦电极粉 30～50kg，进行渗碳，控制镍熔体含碳在 0.2%～0.3%。插木蒸锌的温度控制在 1650～1700℃，每次插木时间 10min 左右。经 2～3 次插木后，炉内合金的含锌下降到 0.004%。由于镍铬分离及蒸锌过程中有大量气体溶解于镍熔体中，因此出炉前 10min 要用石油焦脱除氧，加石油焦时不能过量，一般加 10kg 左右。

当合金含镍达到 65% 以上时，即可出炉浇铸镍阳极。出炉温度控制在 1650℃ 左右，浇铸时熔体经流槽流进中间控制包，然后注入立式阳极模中，从而获得电解精炼所需的镍铁阳极板，通过电解得到电解镍。富铬渣送去回收铬。

7.4.4 从废可伐合金（或磁钢渣）中回收镍钴

牌号为 4J29 可伐合金边角废料的成分见表 7-7。

表 7-7　4J29 可伐合金边角废料的成分　　　　　　（质量分数/%）

成分	$w(Ni)$	$w(Co)$	$w(Fe)$	$w(C)$	$w(Mn)$	$w(Si)$	$w(P)$	$w(S)$
含量	28～29	17～18	48～50	0.015～0.018	0.2～0.21	0.05～0.06	0.002～0.004	0.004～0.009

自废可伐合金边角料及废电子器件中回收镍钴，主要有下列工艺流程：

（1）先用硫酸、硝酸氧化溶解，再用硫化剂沉淀出镍钴硫化物与铁分离。利用自然氧化法将镍钴硫化物转变成相应硫酸盐而溶解，氯气沉钴，然后分别生产相应的镍钴盐类。

（2）用硫酸溶解，硝酸氧化，黄钠铁矾法除铁，萃取法分离镍钴，随后生产相应的镍钴盐类或其他制品。

（3）用硫酸、盐酸混酸电解，黄钠铁矾法除铁，P_{204} 萃取除杂质，P_{507} 萃取分离镍钴，随后生产相应的镍钴盐类及制品。

为适应环境保护要求和提高有价金属回收率，上述第三种工艺流程较为优越，其工艺流程如图 7-4 所示。表 7-8 是废可伐合金中回收镍钴的工艺参数。

金属磁性材料广泛用于各种工业部门，特别是永磁材料含有镍钴达 14%～34%，这些磁性材料在加工过程中会产生各种废渣、废品和磨屑，以及用后的废品都是回收镍钴的好原料。几种磁钢废料的成分见表 7-9。

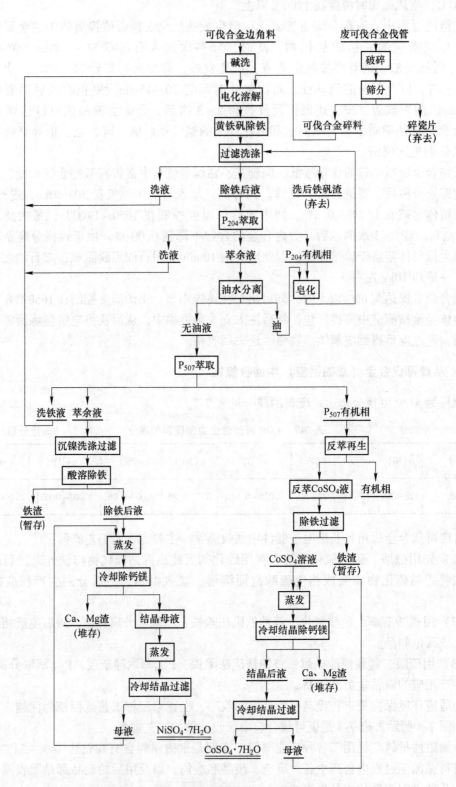

图 7-4　从废可伐合金中回收镍钴的生产流程

表 7-8   废可伐合金中回收镍钴工艺参数

反应温度/℃	90~95	洗水：干渣（体积质量比）	3：1
$NaClO_3$：Fe	0.4~1	除铁后液含铁/g·L^{-1}	<0.3
中和液 Na_2SO_4 浓度/g·L^{-1}	150~180	镍钴回收率/%	Co>97，Ni>98
氧化时间/h	2	铁渣过滤速度/m^3·$(m^2·h)^{-1}$	0.3~0.5
成矾时间/h	3	铁渣成分/%	Fe 30~34，Co 0.15，Ni 0.1
成矾终点 pH 值	1.9~2.1		

表 7-9   几种磁钢废料的成分   （质量分数/%）

成分	$w(Co)$	$w(Ni)$	$w(Fe)$	$w(Cu)$	其他
磁钢废料	约 20	13	50	2	15
磁钢磨屑	15~17	9~16	25~50	2~3	—

目前处理磁钢废料的方法有：

（1）用硫酸溶解时加入硝酸以加速溶解过程，溶后所得溶液用黄钠铁矾法除铁、深化除铝等杂质。通 Cl_2 或加入次氯酸钠氧化沉钴，在沉钴液中加入 Na_2CO_3 沉出碱式碳酸镍。

（2）酸溶后的溶液也可用废可伐合金处理流程的萃取法除杂与分离镍钴，许多生产厂家都善于采用萃取法。

 练习题

7-1 含镍废料主要有哪些？

7-2 含镍钴废料的处理方法主要有哪几种？

7-3 简单描述一下还原熔炼镍铁的生产过程。

8 镍冶金生产过程中的"三废"处理

8.1 概　述

工业生产中的三废是指废渣、废气、废水。就镍冶金而言，由于原料中有价金属含量很低，从硫化矿中每生产1万吨镍（以矿石品位为1.2%镍、精矿6.5%镍计）排放的废渣高达110万吨（其中矿石选矿尾矿95万吨，冶炼弃渣15万吨），产出的废气中二氧化硫在7万吨以上，排出的废水290万吨（其中选矿270万吨，冶炼20万吨）。工业生产初期，这些"三废"都是直接排放，无疑对自然环境造成极大的破坏。

污染控制技术的发展是与工艺及设备的技术进步紧密相关的。以电炉冶炼为例，20世纪50~60年代的还原炉一般为敞口冶炼，高悬式烟罩，炉内产生的高温烟气混入大量冷空气后通过烟囱排空。进入70年代，电炉改造和建造为半封闭和全封闭式操作，混入冷空气减少后烟气量也相应减少，排烟温度提高，要求除尘器前配置降温冷却设备，袋式除尘器的滤料也有较大改进，烟尘净化效率提高，满足了日趋严格的环保排放标准。实行电炉全封闭操作以后，炉口处操作条件大大改善，而炉内压力控制及安全操作要求更加严格。冶炼过程中产生的炉气含CO高达70%以上，从炉内引出后须净化，净煤气予以回收利用。

8.2　固体废料的处理

有色冶金固体废料是指在冶炼过程中所排放的暂时没有利用价值的而被丢弃的固体废物。它包括采矿废石、选矿尾矿，各种有色金属渣、粉尘、废屑、废水处理的残渣污泥等，其中数量大且有利用价值的是各种有色金属冶炼废渣。

有色冶金固体废料的处理原则：要实现固体废物排放量的最佳控制，也就是说要把排放量降到最小程度，不可避免地排放的固体废料要进行综合利用，使之再资源化。在目前条件下不能再利用的要进行无害化处理，合理地还原于自然环境中。对于必须排放的固体废料应妥善处理，使之完全化、稳定化、无害化并尽可能减小其体积和数量。为此，对固体废料应采取物理的、化学的、生物的方法处理，在处理的过程中应防止二次污染的产生。

自然界存在的有色金属矿，绝大多数为多金属复合矿。当生产某种金属产品时，只利用资源的一部分，其他部分则往往以废渣排出。冶金渣是冶金过程的必需产物，它富集了冶金原料中经冶炼提取某主要产品后剩余的多种有价元素，这些元素对主金属产品可能是有害的，但对另一种产品则是重要原料。在各种有色金属渣中，含有其他有价金属和稀贵金属，可作为提取这些金属的原料，提炼后的废渣还可以用来生产铸石、水泥等。

（1）尾矿的综合利用。矿山开采的镍矿石经选矿产生的固体废料主要是尾矿，其特点是量大、呈粉状。例如，金川公司与昆明理工大学合作开发利用选矿尾砂生产复合材料技术。该工艺选择一定粒度和经表面活化处理后的尾矿砂作增强材料，把各种废旧热塑性材料，经过一定的工艺处理后作为基本材料，再配以适当的添加剂，即可形成一种复合材料。其制品具有机械强度较高，表面平整光滑、耐酸、耐碱、质量轻等特点。它可以用来生产建筑用模板，道路留泥井的井盖。另外，选矿尾矿还可以用于矿山充填，即用选矿尾矿代替细砂，配以水泥、粉煤灰、黏结剂等材料进行充填。

（2）冶炼废渣的综合利用。我国镍冶炼厂产生的冶炼废渣，一是采用热渣直接排放至渣场，二是经水淬后输送至渣场堆放。目前，冶炼弃渣用于矿山充填已用于实践。金川公司镍闪速炉水淬渣已于1997年用于粗骨料的胶结充填，利用镍冶炼弃渣（见表8-1）生产承重砖的研究已取得成功；其工艺过程是将水淬渣配入粉煤灰和添加剂，经过混捏、成型、蒸养，即可得到建筑用承重砖，可代替红砖、青砖。生产过程可全部实现自动化，不需要烧结，只要用蒸汽加热至85℃、养护5h，与一般红砖的生产相比，节约能源，并有利于环境保护。

表8-1 金川公司镍冶炼弃渣的典型成分　　　　　　　（质量分数/%）

成分	$w(FeO)$	$w(SiO_2)$	$w(Al_2O_3)$	$w(CaO)$	$w(MgO)$	$w(Ni)$	$w(Cu)$	$w(Co)$
含量	50.62	32.16	0.5~1.0	2.30	8.35	0.2	0.2	0.07

镍冶炼弃渣含铁较高，用来炼铁是目前研究较多的一条综合利用途径。

物相分析表明，弃渣主要物相组成为：Fe_2SiO_4、Ca_2SiO_4、Mg_2SiO_4、Mg_2SiO_3 等硅酸盐。根据硅酸盐的标准生成自由能可知，CaO 与 SiO_2 的亲和力远远大于 FeO、MgO 与 SiO_2 亲和力。当渣中加入一定量的石灰可使 CaO 与 SiO_2 结合而游离出 FeO，将有利于 FeO 的还原。具体试验过程是：将冶炼弃渣配入一定量的石灰和焦炭，加入电弧炉内，升温熔化后向炉内喷入剩余计算量的石灰及粉煤，控制温度在 1550~1600℃，以渣中含铁总量低于或等于5%时作为还原终点。为合理利用二次渣，需加入铝矾土，使二次渣成分满足生产水泥的要求。

镍渣提铁是一个典型的氧化和还原过程，中钢集团鞍山热能研究院与金川公司等进行过大量试验研究、半工业试验。其基本原理是：将熔融态镍渣置入炉内，吹氧、喷煤加热并逐渐加料，不间断供热，在温度达到工艺要求后，逐渐喷煤粉对含铁渣进行还原。同时加入石灰和其他辅料进行造渣，渣中的 Ni、Cu、Co 大部分进入铁中，其含量正好是耐大气腐蚀钢所要求的成分，二次渣则成为良好的水泥混合材料，不再产生废弃物。

8.3　镍冶金过程中的废气处理

镍冶金过程由于工艺流程不同或处理的原料不同，产生的废气成分也不同，因此废气的治理方法也不同。例如，含镍钴硫化矿火法冶炼时，烟气中含有大量的二氧化硫，必须综合利用，防止污染。

8.3.1　镍铁冶金工业废气

镍铁冶金厂的废气主要产自各种炉窑，包括还原电炉、精炼炉、焙烧回转窑、烧结机、多层焙烧炉等。

（1）还原电炉产生的废气。还原电炉冶炼，其主要原料为矿石、还原剂和熔剂。原料入炉后，在熔池高温下呈还原反应，生成 CO、CH_4 和 H_2 的高温含尘可燃气体。它透过料层逸散于料层表面，当接触空气时 CO 燃烧形成高温高含尘的烟气。依产品不同，每吨成品合金的炉气发生量波动在 700~2000m³（标态），炉气温度为 600℃ 左右。各种还原电炉的炉（煤）气量，炉（煤）气成分及含尘量见表 8-2。

表 8-2　全封闭式还原电炉炉（煤）气参数

冶炼品种	炉气量（标态）/m³·t⁻¹	炉气含尘量（标态）/m³·t⁻¹	炉气主要成分（体积分数）/%				炉气温度/℃
			CO	H_2	CH_4	N_2 及其他	
高碳铬铁	780	约 40	77	14.1	0.6	8	500~800
粗炼镍铁	1000	50~120	73	6	5	13	500~650

（2）焙烧炉产生的废气。矿石中的氧化物不易被还原，需要加入附加剂，在焙烧回转窑中经高温焙烧。回转窑用煤气或天然气作燃料，产生的烟气量可根据焙烧原料量及燃料消耗量计算确定。如一座 ϕ2.3m×32m 回转窑下料量为 3t/h 左右，烟气量（标态）约12000m³/h，烟气温度为 400~500℃。

8.3.2　镍冶炼的二氧化硫烟气

8.3.2.1　利用烟气中二氧化硫生产硫酸

含镍钴硫化矿火法冶炼产出的烟气，一般都是采用制酸的工艺回收其中的二氧化硫。随着冶金技术进步和烟气中二氧化硫浓度的提高，绝大多数的镍钴冶金工厂都采用接触法制酸工艺处理含二氧化硫烟气，使最终排放尾气中的二氧化硫浓度降至最低限度。我国镍钴冶金工厂从含二氧化硫烟气中回收硫酸的能力每年在 50 万吨以上。

采用接触法制造硫酸，一般包括工序：净化、转化、吸收、尾气处理。烟气净化的目的在于进一步净化烟气，使烟气含尘量降低，以防止烟尘沉积而造成管道、设备、接触层堵塞。净化的方法可采用干法净化、水洗、稀酸洗涤、热浓硫酸洗涤等方法。二氧化硫的转化反应是在有触媒存在的条件下进行，使 SO_2 转化成 SO_3。为了满足转化过程的热平衡要求，有利于转化作业的进行，要求烟气含二氧化硫量不低于 3.5%，并尽可能保持稳定。转化出来的三氧化硫气体，用浓硫酸进行吸收。混合气体中三氧化硫先溶解在硫酸内，然后和硫酸内的水化合生成酸。

8.3.2.2　利用烟气中二氧化硫生产焦亚硫酸钠

焦亚硫酸钠（$Na_2S_2O_5$）是白色或微黄色粉末，带有强烈的 SO_2 气味，它溶于水并生成亚硫酸氢钠，在空气中极易氧化放出 SO_2 变成硫酸钠，加热到 150℃ 则完全分解。焦亚硫酸钠用于纺织工业、食品工业、橡胶工业、造纸工业、制药工业及照相业，主要用作漂白剂或防腐剂。利用冶炼烟气中的二氧化硫生产焦亚硫酸钠的工艺比较简单，烟气经净化处理后用碳酸钠溶液吸收其中的 SO_2，所得中间产物经脱水后即可得到焦亚硫酸钠。在生产中，应严格控制吸收液终点的 pH 值，以防止 $Na_2S_2O_5$ 氧化成 Na_2SO_4。

8.3.3 镍钴冶金过程中含氯废气的治理

镍钴冶金过程中含氯废气,主要来源于镍钴溶液采用化学沉淀法净化除钴或沉淀钴等湿法过程中产出的废气,以及钴渣在酸溶时产出的废气。因为净化除钴或沉淀时一般都采用氯气氧化,所以在尾气中难免含有过剩氯气,而钴渣在还原酸溶时也会排出少量氯气。在镍钴电解过程中还会产生一定量的酸雾弥漫于厂房,一般除了采用通风外,还采取在电解槽上覆盖薄膜或软薄织物的办法,以减少蒸发的酸雾,有的也采用某种起泡剂,使电解液表面产生泡沫,或采用不同粒径的泡沫塑料小球使其浮于溶液表面,以减少酸雾蒸发。常用的含氯废气的处理方法有:

(1) 用碱液吸收废气中的氯。碱液可以是氢氧化钠溶液或碳酸钠溶液,也可以是两者的混合溶液。吸收氯气后生成的次氯酸钠,可用作沉钴过程或废气处理过程的氧化剂。用纯碱溶液吸收处理含氯废气效果好,产出的次氯酸钠质量也较高,但处理费用较大。

(2) 用含碱废液吸收处理含氯废气。电解生产过程中,为了维持溶液体积和镍、钠离子的平衡,需要定期抽出一定数量的溶液加入碳酸钠,使镍生成碳酸镍沉淀,经过滤后,碳酸镍用于中和调节工艺过程中的 pH 值和 Ni^{2+} 浓度。而过滤后的废液则排放,即可除去多余的钠离子和过多的水。这种废液中含有大量的 Na^+、Cl^-、SO_4^{2-} 和少量 Ni^{2+},其 pH 值为 8~8.5。因为在沉淀碳酸镍时使用了过量的 Na_2CO_3,使沉淀后液相应含有 Na_2CO_3 0.1~0.2g/L。用这种废液来吸收含氯废气以取代碱液,不仅降低了含氯废气的处理费用,而且在吸收过程中,使溶液中残存的少量 Ni^{2+} 完全沉淀,可进一步回收镍;产出的含次氯酸钠的溶液可用于废水处理。生产实践证明,用碳酸镍沉淀母液处理含氯废气,氯气的吸收率可达90%左右,吸收后的废气含氯达到了国家环保标准。

(3) 镍、钴精炼过程中的余氯吸收。净化除钴与铜渣浸出过程使用大量氯气,钴和贵金属生产也使用大量的氯气,会产生大量的高浓度含氯废气,严重腐蚀了厂家设备,影响了厂区环境。为了改善岗位操作环境,排放的剩余氯气必须进行吸收处理。余氯吸收是在装有塑料管(或瓷环)作为填充料的吸收塔内进行,将吸收液用循环泵打入吸收塔顶部,经分布板均匀向下喷淋,而含氯废气从吸收塔下部向上送入,与吸收液均匀接触,废气中的余氯被充分吸收后从塔顶排出。用 Na_2CO_3 或 $NaOH$ 溶液吸收余氯的反应为:

$$Na_2CO_3 + Cl_2 \longrightarrow NaClO + NaCl + CO_2 \uparrow$$
$$2NaOH + Cl_2 \longrightarrow NaClO + NaCl + H_2O$$

沉淀碳酸镍以后的母液中含有 Na_2CO_3,用它来吸收余氯的反应为:

$$Na_2CO_3 + Cl_2 \longrightarrow NaClO + NaCl + CO_2 \uparrow$$
$$2NiSO_4 + NaClO + 2Na_2CO_3 + 3H_2O \longrightarrow 2Ni(OH)_3 \downarrow + NaCl + 2Na_2SO_4 + 2CO_2 \uparrow$$
$$2NiSO_4 + Cl_2 + 3Na_2CO_3 + 3H_2O \longrightarrow 2Ni(OH)_3 \downarrow + 2NaCl + 2Na_2SO_4 + 3CO_2 \uparrow$$
$$3NiCO_3 + Cl_2 + 3H_2O \longrightarrow 2Ni(OH)_3 \downarrow + NiCl_2 + 3CO_2 \uparrow$$

8.4 镍冶金工业废水

镍冶金的废水中除了含有少量 Ni、Cu、Co、Fe 等重金属离子外,还含有大量的 Na^+、Cl^-、SO_4^{2-}。一般可采用中和混凝沉淀、萃取、吸附、电解、离子交换以及反渗透膜等方法处理。金川公司镍钴冶金过程大量废水以前的处理方法是采用较经济的石灰乳中和沉淀法，使重金属离子水解沉淀，其反应为：

$$MSO_4 + Ca(OH)_2 === CaSO_4 \downarrow + M(OH)_2 \downarrow$$

重金属离子水解沉淀的同时，还可除去少量 SO_4^{2-}，其反应为：

$$Na_2SO_4 + Ca(OH)_2 === CaSO_4 \downarrow + 2NaOH$$

这种方法的缺点是渣量大，渣含有价金属品位低，二次污染严重，重金属离子除去不彻底，难以达到环保排放标准。PFS（聚合硫酸铁）-NaOH 法是处理镍钴冶金废水的较好方法，工艺流程如图 8-1 所示。

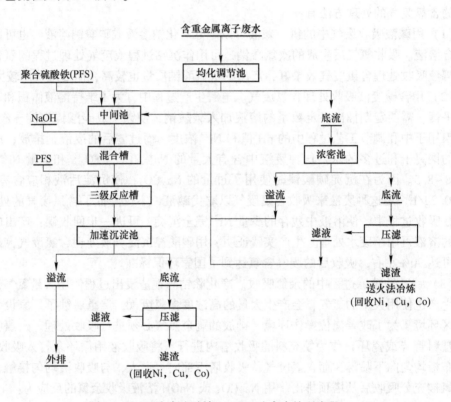

图 8-1　PFS(聚合硫酸铁)-NaOH 法废水处理流程

含氯废气的吸收液中含有次氯酸钠，与含镍钴的废液混合后，能使其中的镍、钴氧化至高价而水解，使大部分的镍钴产生沉淀。PFS（聚合硫酸铁）在废水处理过程中有两个作用，一是起沉淀剂作用，与 Ni^{2+} 生成一种复杂的碱式盐，这种碱式盐的沉淀 pH 值要比 $Ni(OH)_2$ 的沉淀 pH 值低得多；二是絮凝作用，PFS 与 Ni^{2+} 生成的碱式盐带负电荷，与废水中带正电荷的 $Fe(OH)^{2+}$、$Fe_2(OH)_2^{4+}$ 等离子相互中和，促使微小粒子絮凝长大，再将 pH 值调整至 9.5~10.5，使溶液中的镍、铜、钴等重金属离子完全沉淀。虽然 PFS 有絮凝作用，但在浓密前仍需加入絮凝剂（聚丙烯酰胺）。该工艺不仅现场作业条件好，处理后的废水中含镍、铜、钴均小于 1mg/L，达到国家环保排放标准，而且渣量小，滤渣含镍达到 10%~12%，易于回收。

镍铁冶金工业废水主要有：

（1）全封闭电炉煤气洗涤废水。全封闭电炉煤气采用湿法洗涤流程时，废水来自洗涤塔、文氏管、旋流脱水器等设备。一般地，1000m³ 煤气产生废水量（标态）为 15~25m³。废水悬浮物的质量浓度为 1960~5465mg/L，色度为黑灰色。酚的质量浓度为 0.1~0.2mg/L，氰化物的质量浓度为 1.29~5.96mg/L。

（2）电炉冲渣废水。电炉冶炼过程排出的液态熔渣量随电炉容量大小，冶炼品种不同而变化。放出的液态渣流入渣罐，再从渣罐下部卸渣管流入冲渣沟，同时用高压水对熔渣喷冲水淬，水与渣均流入沉渣池。经自然沉淀分离后，水渣综合利用，冲渣水循环使用。一般地，冲渣水量一般按渣水比 1：（10~15）。冲渣水中悬浮物的质量浓度在 36~200mg/L，总硬度小于 15（德国度），氰化物的质量浓度小于 0.5mg/L。

 练习题

8-1 镍冶炼过程中产生的废料有哪些？

8-2 有色冶金固体废料的处理原则有哪些？

8-3 我国镍冶炼厂产生的冶炼废渣主要处理办法有哪些？

8-4 镍冶金工业废水的特点有哪些？

参 考 文 献

[1] 彭容秋. 镍冶金 [M]. 长沙：中南大学出版社，2005.

[2] 黄其兴，等. 镍冶金学 [M]. 北京：中国科学技术出版社，1990.

[3] 北京有色冶金设计研究总院等编. 重有色金属冶炼设计手册——铜镍卷 [M]. 北京：冶金工业出版社，2012.

[4] 栾心汉，唐琳，李小明，等. 镍铁冶金技术及设备 [M]. 北京：冶金工业出版社，2010.

[5] 王华，李博. 红土镍矿干燥与预还原技术 [M]. 北京：科学出版社，2012.

[6] 何焕华，蔡乔方. 中国镍钴冶金 [M]. 北京：冶金工业出版社，2000.

[7] 刘畅，郑少波. 高镁型红土镍矿熔融还原冶炼渣型探究 [J]. 有色金属 (冶炼部分)，2017(7)：11-15.

[8] 赵乃成，张启轩. 铁合金生产实用技术手册 [M]. 北京：冶金工业出版社，1998.

[9] 云正宽. 冶金工程设计. 第 2 册. 工艺设计 [M]. 北京：冶金工业出版社，2006.

[10] 任鸿九，王立川. 有色金属提取手册 (铜镍卷) [M]. 北京：冶金工业出版社，2000.

[11] 周建男，周天时. 利用红土镍矿冶炼镍铁合金及不锈钢 [M]. 北京：化学工业出版社，2015.

[12] 黄希祜. 钢铁冶金原理 [M]. 4 版. 北京：冶金工业出版社，2013.

[13] 《有色冶金炉设计手册》编委会. 有色冶金炉设计手册 [M]. 北京：冶金工业出版社，2000.

[14] 朱云. 冶金设备 [M]. 北京：冶金工业出版社，2009.

[15] 栾心汉，唐琳，李小明，等. 铁合金生产节能及精炼技术 [M]. 西安：西北工业大学出版社，2006.

[16] 邓守强. 高炉炼铁技术 [M]. 北京：冶金工业出版社，1990.